DIMO KEXUE SHIYONG H...
JISHU ZHIDAO SHOUCE

# 地膜科学使用回收技术指导手册

农业农村部农业生态与资源保护总站 编

中国农业出版社
北京

**图书在版编目（CIP）数据**

地膜科学使用回收技术指导手册/农业农村部农业
生态与资源保护总站编. —北京：中国农业出版社，
2024.5

　ISBN 978-7-109-31970-7

　Ⅰ.①地… Ⅱ.①农… Ⅲ.①塑料垃圾－回收技术－
手册 Ⅳ.①X705-62

中国国家版本馆CIP数据核字（2024）第098721号

---

中国农业出版社出版

地址：北京市朝阳区麦子店街18号楼

邮编：100125

策划编辑：李　晶

责任编辑：李　瑜

版式设计：王　晨　　责任校对：吴丽婷　　责任印制：王　宏

印刷：中农印务有限公司

版次：2024年5月第1版

印次：2024年5月北京第1次印刷

发行：新华书店北京发行所

开本：880mm×1230mm　1/32

印张：2.5

字数：70千字

定价：28.00元

---

　　地膜是重要的农业生产资料。地膜覆盖技术具有良好的增温、保墒、除草等功效，可显著提高农作物产量和品质，丰富农产品供给，对保障国家粮食和重要农产品安全稳定供给做出了巨大贡献。但长期、过量和不合理使用地膜会导致残留污染，破坏土壤理化性状，危害耕地质量，影响农业生产，制约农业绿色发展。新形势新要求下，推进地膜科学使用回收已成为普遍共识，特别是2022年起，农业农村部、财政部启动实施地膜科学使用回收试点工作，明确从加厚高强度地膜应用和全生物降解地膜替代两个方向协同发力，一体化推进地膜源头减量、使用管理和末端回收，系统解决传统地膜回收难、替代成本高的问题，为治理农田"白色污染"提供了新路径。

　　为推动地膜科学使用回收试点工作高质量实施，强化对地方技术指导，我们以需求和问题为导向，分析国内外地膜覆盖及残留状况，总结各地实践经验与做法，对聚乙烯地膜和全生物降解地膜的产品规格要求、覆盖技术应用、配套农艺措施、处置方式方法等进行了系统梳理，对地膜科学使用回收政策要求、实施方式、典型案例等做了介绍。希望本书能够为从事地膜生产、使用、回收及污染治理工作的管理人员和技术人员提供参考，为参与地膜科学使用回收试点工作的各有关单位、生产企业、经销商、专业合作社、家庭农场及广大农民提供指导与帮助。

本书是在地膜科学使用回收试点工作专家指导组有关专家的支持与帮助下完成的，在此对各位专家表示感谢，向写作过程中其他给予帮助、支持的同事表示感谢！

本书虽数易其稿，但由于专业知识水平和时间有限，书中难免存在疏漏和不足之处，敬请广大读者批评指正。

本书编委会
2024年4月

# 目　录

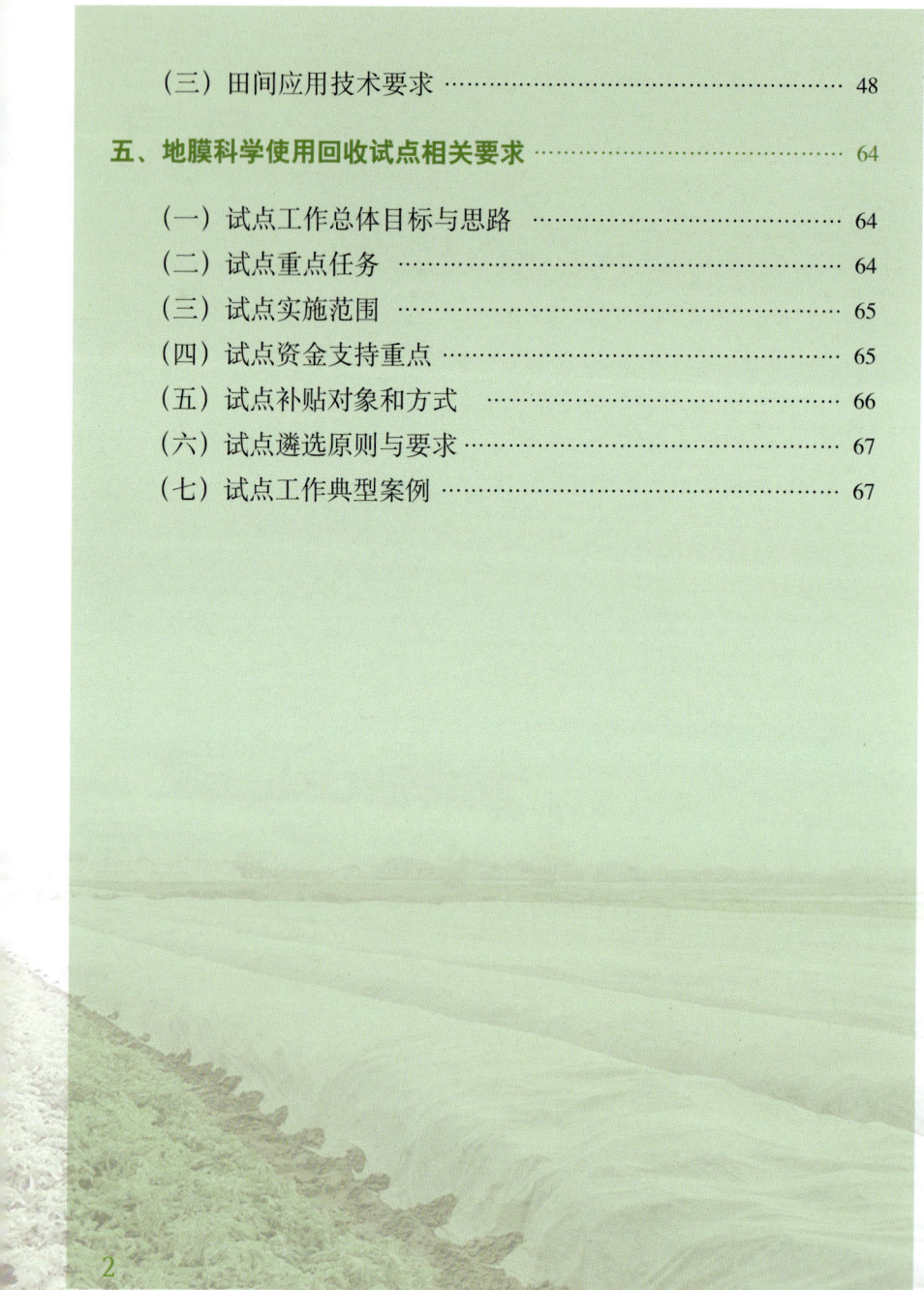

# 一、农田地膜使用及残留状况

## （一）地膜使用现状

### 1.地膜覆盖应用状况

地膜覆盖技术于20世纪70年代末从日本引入我国，因具有显著的增温、保墒、控草等功效，可有效提高玉米、棉花、花生、马铃薯、蔬菜等作物的产量，得到了广泛推广和使用。据国家统计局数据，从1993年开始，我国地膜使用量和覆盖面积呈现逐年增长态势，到2016年地膜使用量达到峰值147万吨，翻了近4倍；到2017年地膜覆盖面积达到峰值2.8亿亩<sup>*</sup>，翻了3.5倍。2017年以后，我国地膜使用量和地膜覆盖面积开始呈下降趋势，2021年我国地膜使用量为132万吨，地膜覆盖面积为2.59亿亩，年均下降率分别为2.0%、1.9%（图1-1）。目前，我国是世界上地膜覆盖面积和使用量最大的国家，分别约占全球的90%、75%。

**从区域来看**，我国地膜覆盖面积最大的省份依次为新疆、内蒙古、山东、甘肃、云南、四川、河南、河北等，其中新疆作为我国地膜覆盖面积第一大省份，2021年其覆膜面积达到5 409万亩，内蒙古、山东、甘肃覆膜面积分别达到2 562万亩、2 415万亩、2 087万亩，云南、四川、河南、河北覆膜面积也均在1 000万亩以上（图1-2）。**从作物来看**，我国主要覆膜作物为蔬菜、玉米、棉花、花生、马铃薯、烟草、向日葵等，其中蔬菜覆膜面积约7 100万亩，玉米覆膜面积约6 030万亩，棉花覆膜面积约4 320万亩。

---

\* 亩为非法定计量单位，1亩＝1/15公顷。本书余后同。——编者注

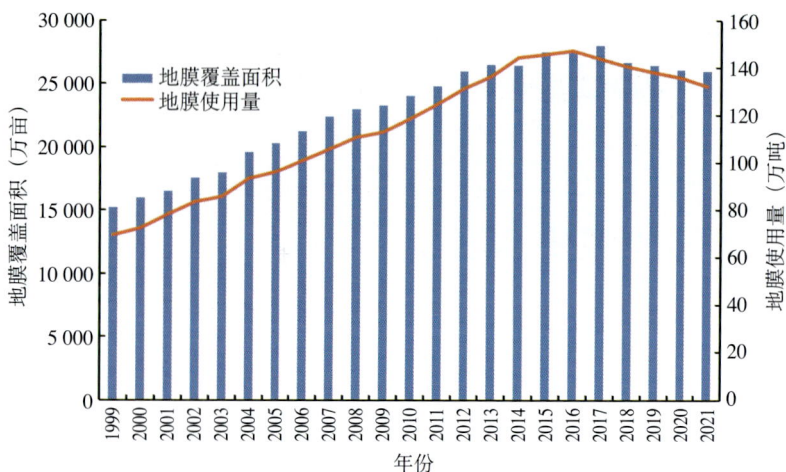

图1-1　1999—2021年我国地膜覆盖面积与使用量变化图
（数据来源：国家统计局）

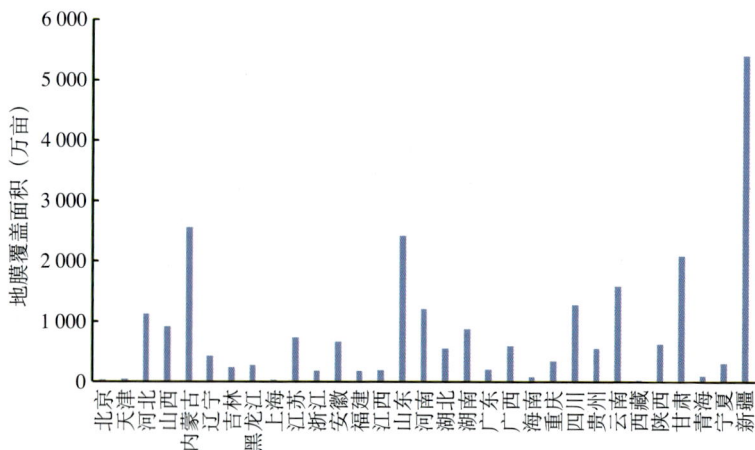

图1-2　2021年各省份行政单位地膜覆盖面积

## 2.地膜覆盖功效

地膜已成为我国四大农业生产资料之一。主要有以下3方面功效：**一是提高土壤温度**。普通地膜透光率为90%左右，可以将太阳光能转化为热能，同时阻碍水分蒸发，减少热量散失。**二是节水保墒**。地膜具有不透水性，可以有效减少水汽蒸发，保蓄土壤含水量。研究表明，地膜覆盖可使作物水分利用效率提高20%～30%。**三是抑制杂草**。地膜，特别是黑色地膜，可以抑制杂草生长、减少除草剂等的使用。研究表明，黑色地膜可使杂草生物量降低70%以上。

当前地膜覆盖技术已成为我国农业稳产保供和农民增收的关键举措之一。研究表明，地膜覆盖可使玉米、棉花、大蒜、花生等作物亩均增产20%～60%、增收400～1 000元，全国每年因此增加经济效益数千亿元，尤其是对西北干旱少雨地区的旱作玉米、棉花等农作物的增产具有不可替代的作用（图1-3）。地膜覆盖还可使蔬菜上市提早5～15天，西（甜）瓜早熟7～15天，地膜覆盖技术成为反季节、超时令水果和蔬菜的主要生产途径。不仅如此，地膜覆盖还有力支撑了全国农业生产布局调整，使新疆

图1-3　甘肃陇东旱作区地膜覆盖

棉花种植面积占全国棉花种植面积的比率从20世纪80年代初的不到5%提高到现在的80%以上，使我国玉米等喜温作物栽培适宜区向北推移了2～5个纬度。

# （二）地膜残留污染特征与危害

## 1.地膜残留污染特征

在地膜覆盖技术广泛应用的同时，地膜残留污染问题日益突出，呈现出分布范围广、区域差异明显、治理难度大等特点。**一是地膜残留分布范围广**。2000年以后，我国每年地膜覆盖面积占总播种面积的比率一直在10%以上，绝大部分涉农县都有应用地膜，且存在不同程度残留污染。**二是地膜残留地区差异明显**。根据第二次全国污染源普查结果，我国地膜亩均残留量呈现自北向南、自西向东递减的分布特征，其中西北地区较为突出。**三是地膜残留污染治理难度大**。我国地膜覆盖技术应用已有40余年的历史，使用强度大，特别是部分地区仍在使用0.01毫米以下的超薄非标地膜，其特点是易破碎、捡拾回收困难。

## 2.地膜残留污染危害

地膜残留污染会对耕地质量、农业生产、人居环境等造成危害。**一是影响耕地质量**。残留地膜会直接改变土壤理化性状，降低土壤容重和孔隙度，抑制蚯蚓、线虫等土壤动物的生长发育和微生物活性。研究表明，农田地膜残留量每增加100千克/公顷，土壤持水能力降低2%～8%，土壤有效磷含量降低5%。**二是影响农作物产量和品质**。残留地膜碎片会改变土壤中水分运移能力，阻碍作物根系对养分的吸收，最终影响作物的生长和产量。据研究，每亩地膜残留量达到16千克时，作物减产16.1%；每亩地膜残留量达到32千克时，作物减产24.3%。残留地膜缠绕农作物秸秆，导致秸秆饲料化利用受阻，造成资源浪费；部分地膜被吸入籽棉中，严重影响生产棉纱的品质。**三是影响人体和牲畜健康**。

残留地膜如果长时间得不到有效回收处理，可能会裂成5毫米以下的微塑料，对水土、食品等污染增加，对人体健康产生潜在风险。微塑料被联合国环境规划署（UNEP）列入全球性新污染物，已成为全球高度关注的环境问题。研究表明，目前在人类粪便、血液、胎盘中都检测到了微塑料。此外，牛、羊等牲畜误食废旧地膜后，会产生饱腹现象而减少进食，造成牲畜食道损伤、肠道阻塞，严重时甚至引起其死亡。**四是影响农村人居环境。**遗弃在田间地头的废旧地膜，如果不能及时清理回收，会随风飘至村户民宅，污染农村生活环境，影响村容村貌（图1-4，图1-5）。

图1-4　田间地头堆积的残留地膜

图1-5　农田耕层土壤中残留地膜碎片

# 二、国外地膜使用回收状况

## （一）聚乙烯地膜使用回收状况

### 1.聚乙烯地膜产品性能

国外普遍使用加厚高强度地膜，普通地膜95%以上使用聚乙烯材料。**在厚度上**，国外地膜厚度普遍在0.02毫米以上，美国要求在0.025毫米以上。**在机械强度上**，国外地膜机械强度普遍高于我国，主要是通过添加增塑剂、抗氧化剂等助剂，提高地膜强度，延长使用寿命。如欧盟地膜拉伸负荷≥20兆帕、断裂标称应变≥350%、耐候期330天以上；而我国地膜拉伸负荷10～16兆帕、断裂标称应变≥260%、耐候期180天以上。**在价格上**，国外加厚地膜售价普遍高于我国，日本加厚地膜零售价折合人民币近30元/千克，欧美零售价折合人民币约20元/千克，分别是我国的2.5倍、1.6倍。

### 2.聚乙烯地膜推广应用

国外地膜主要用于高效经济作物。欧洲是国外地膜用量最大的地区，每年用量约8.3万吨，覆盖面积约430万亩。美国每年地膜用量约7万吨，覆盖面积约360万亩，主要在蔬菜、浆果类、大麻等高价值经济作物上使用。日本每年地膜用量约4.1万吨，覆盖面积约210万亩，主要在洋葱、番茄、草莓等经济作物上使用。

### 3.废旧地膜回收处置

国外对地膜回收处置有明确的法律要求。欧盟《废弃物框架指令》规定了污染者付费原则和生产者责任延伸制度，要求地膜生产企业和农民共同支付回收处理费用，由专业回收组织负责废旧地膜收集处置和利用。欧盟认为地膜再利用价值较低，加之预处理过程繁杂，回收利用成本高，极少数进行回收利用，大部分进行能量回收（焚烧），小部分进行填埋。日本《废弃物处理及清扫法》规定，由基层农膜回收促进协会负责组织农民按规定回收废旧地膜，且含杂率要小于50%，农民回收后交由基层农膜回收促进协会转运处理；若随意丢弃、焚烧和填埋，将按地膜处理费的10倍进行罚款。日本对废旧地膜主要进行材料回收（大部分出口国外）、化学回收（极少数作为高炉喷吹还原剂）和热回收利用（焚烧发电）。美国《资源保护与回收法》规定，农民负责回收废旧农膜，并送至中转中心或者废物处理厂，再由农膜生产企业负责处理。因地膜厚度、拉伸强度较好，基本可全回收，回收后以垃圾填埋处理或焚烧发电处理为主。目前美国已有30个州出台了促进农膜回收的农用塑料法规。

## （二）全生物降解地膜应用状况

### 1.全生物降解地膜产品性能

国外全生物降解地膜原料主要为可生物降解高分子聚合物、植物纤维等。**在降解性能上**，要求在最长24个月内，相对生物分解率达到90%以上。**在厚度和机械强度上**，日本、美国要求地膜产品必须满足农作物生长需求，对厚度和机械强度无明确要求；欧洲要求机械拉伸负荷≥18兆帕、纵向断裂标称应变≥350%，对厚度无明确要求。**在生态毒理性能上**，国外对产品及产品降解的中间产物毒理效应都做出了明确规定，如产品堆肥条件下的植物发芽率和生物量超过对应空白土壤的90%、蚯蚓存活率和生物量超过对应空白土壤的90%等。**此外，国外全生物降解地膜质量较高，售价也普遍高于我国**，如日本售价折合人民币约8.5万元/吨，欧洲售价折合人民币约6.1万元/吨，而我国平均售价2.5万元/吨。

## 2.全生物降解地膜适宜作物及效益

国外全生物降解地膜主要应用于经济作物。目前，国外全生物降解地膜主要应用于覆膜功能期120天以内、生长初期要求增温保墒、生长后期要求透气性较高的短生育期作物，如地下根茎类作物和一些设施蔬菜等。日本全生物降解地膜主要应用于甘薯、南瓜等经济作物，欧洲主要应用于番茄、叶用莴苣（生菜）、辣椒、茄子等蔬菜。与覆盖传统地膜相比，使用全生物降解地膜既满足了作物生长需求，又省去了回收成本和人力投入，农民接受度较高。目前，日本全生物降解地膜覆盖面积约占日本地膜覆盖总面积的10%，欧洲全生物降解地膜覆盖面积约占欧洲地膜覆盖总面积的5%，且呈现逐年上升趋势。

## 3.全生物降解地膜研发应用

为从源头上控制废旧地膜产生，降低回收成本，国外积极支持研发生产和使用全生物降解地膜。德国BASF（巴斯夫）、日本三菱、日本昭和电工、意大利Novamont（诺瓦蒙特）、法国Limagrain（利马格兰）等大企业，率先研发生物高分子降解材料，并在地膜领域上开展试验应用。美国超过50%的州政府出台法律，要求加大可降解地膜的研发和使用。欧盟2017年修订《肥料条例》，明确提出支持研发和推广全生物降解地膜。为调动农民使用全生物降解地膜的积极性，日本、美国、欧盟等按照产品价格的50%，对农民进行补贴。

# 三、聚乙烯地膜科学使用回收

## （一）聚乙烯地膜产品要求

### 1.普通地膜概念与性能指标

**概念：**聚乙烯吹塑农用地面覆盖薄膜，以聚乙烯为主要原料，可加入必要助剂，用吹塑法生产的用于地面覆盖的薄膜。标准地膜产品必须符合强制性国家标准《聚乙烯吹塑农用地面覆盖薄膜》（GB 13735—2017），其中，厚度不得小于0.01毫米，力学性能要符合要求。

**成分与特点：**标准地膜的基础材料为线性低密度聚乙烯（LLDPE）、低密度聚乙烯（LDPE）和茂金属线性低密度聚乙烯（mLLDPE）等聚烯烃类树脂，这些材料具有强度高、韧性好、刚性大、耐热、耐寒等优点，性能稳定，耐化学侵蚀，应用领域广泛；但在自然环境中生物分解性较差、难以消解，因此农业生产覆盖后的残留地膜如不能得到有效回收处置，将在土壤中长期存留。

**性能指标：**地膜按覆盖使用时间分为两类，Ⅰ类为耐老化地膜，要求有效覆盖使用时间在180天以上；Ⅱ类为普通地膜，要求有效覆盖使用时间在60天以上。Ⅰ类地膜老化后纵向断裂标称应变保留率应不小于50%。地膜产品的拉伸负荷、断裂标称应变、直角撕裂负荷等力学性能指标，根据厚度的不同对应不同的指标值要求，具体如表3-1所示。

**外观：**地膜不应有影响使用的气泡、杂质、条纹、穿孔、褶皱等缺陷。膜卷应卷绕整齐，不应有明显的暴筋。

表3-1 聚乙烯地膜力学性能指标

| 项目 | 要求 | | |
|---|---|---|---|
| | $0.010 \leqslant d_0 < 0.015$ | $0.015 \leqslant d_0 < 0.020$ | $0.020 \leqslant d_0 < 0.030$ |
| 拉伸负荷<br>(纵、横向)(牛顿) | $\geqslant 1.6$ | $\geqslant 2.2$ | $\geqslant 3.0$ |
| 断裂标称应变<br>(纵、横向)(%) | $\geqslant 260$ | $\geqslant 300$ | $\geqslant 320$ |
| 直角撕裂负荷<br>(纵、横向)(牛顿) | $\geqslant 0.8$ | $\geqslant 1.2$ | $\geqslant 1.5$ |

注：$d_0$表示地膜标称厚度，单位为毫米。

## 2.加厚高强度地膜概念与性能指标

**概念：** 加厚高强度耐老化地膜，以聚乙烯为主要原料，加入必要的耐老化助剂，使用吹塑法生产，用于地面覆盖，厚度高于标准地膜的薄膜。加厚地膜产品厚度、力学性能等指标应高于《聚乙烯吹塑农用地面覆盖薄膜》（GB 13735—2017）中 I 类耐老化地膜有关要求。

**成分：** 加厚高强度耐老化地膜的基础材料为线性低密度聚乙烯（LLDPE）、低密度聚乙烯（LDPE）、茂金属线性低密度聚乙烯（mLLDPE）等聚烯烃类树脂和耐老化助剂。产品原材料中不得加入再生料以及国家明确禁止使用、不利于作物生长和有害土壤的助剂，总灰分控制在0.5%以内。

**性能指标：** 产品标称厚度不小于0.015毫米，有效覆盖使用时间不低于180天，力学性能应比《聚乙烯吹塑农用地面覆盖薄膜》（GB 13735—2017）中 I 类耐老化地膜有关要求高30%以上，且使用后最大拉伸负荷、断裂标称应变等力学性能指标不小于初始值的50%。

## 3.生产企业准入规范条件

2017年，工业和信息化部发布《农用薄膜行业规范条件（2017年本）》，明确了企业生产条件、生产工艺和装备、质量与管理、监督与管理等内容。2020年，农业农村部、工业和信息化部、生态环境部和市场监管总局发布《农用薄膜管理办法》，建立了农膜全程监管体系。其中：

**规模：** 新建改扩建项目形成的农膜生产能力不低于10 000吨/年。

**工艺：** 生产工艺要符合质量保证体系工艺文件要求，采用成熟的生产技术，满足农膜产品质量达到国家及行业标准的要求。功能性地膜生产企业应具备生产功能性母料的能力，或得到其他能够生产功能性母料企业的技术或者产品支持。配备物料混配设备，能确保生产原料（主、辅料）均匀混合。拥有完善的检测手段和检测设备，配备的产品质量检测设备包括直尺、卷尺、千分尺、测厚仪、拉力机、熔融指数测试仪、快速流滴实验仪、水分含量测试仪等。采用技术先进、节能节水环保的生产装置，实现主要工艺参数的在线检测和自动化控制。

**质量与管理：** 企业应设立独立质量检验机构，配备专职质检人员和质量工程师，建立健全质量检验管理制度。农膜生产企业应健全企业管理制度，并进行ISO 9000质量管理体系、ISO 14000环境管理体系认证，采用信息化管理手段提高企业管理效率和水平。不得以劣质再生塑料为原料生产农膜产品，产品质量符合国家及行业标准，出厂产品合格率达到100%。企业应开发生产功能化、智能化、绿色化、长寿命及按需定制的农膜制品，产品要符合保障人体健康和保护生态环境要求。新产品应由企业或企业委托有关部门进行两年以上的多点田间应用试验，达到有关质量后方可大面积推广应用。

**追溯：** 生产企业生产地膜时应当在每卷地膜膜面上以在线喷涂的方法标识产品的种类、商标（企业标识）和厚度，便于产品追溯和市场监管，要求可以追溯到产品名称、型号/规格、生产日期以及各工序的相关作业人员和工序质量、检验记录、入库有关记录等。应当依法建立地膜出厂销售记录制度，如实记录地膜的名称、规格、数量、生产日期和批号、产品质量检验信息、购货人名称及其联系方式、销售日期等内容，出厂销售记录应当至少保存两年。出厂销售的农用薄膜产品应当依法附具产品质量检验合格证，标明推荐使用时间等内容。

# （二）地膜覆盖技术

地膜覆盖技术是指用地膜对地表进行覆盖，实现集雨、保墒、增温、抑制杂草等综合作用的一种农艺措施。其特点是通过起垄覆膜、地面覆盖，来增加地温，减少地表径流，抑制田间无效蒸发，保蓄土壤水分，增强作物抗旱能力，缓解干旱对农业生产的影响。

近年来，西北、华北、东北，以及西南的干旱、半干旱地区大力推广地膜覆盖栽培技术，有力提升了粮食生产科技水平。随着地膜种类的增加和应用范围的不断扩大，地膜覆盖栽培技术模式也不再局限于传统覆膜方式，根据本地区的资源状况，新的覆膜栽培技术不断发展，为区域农业生产稳定发展开辟了新的道路。地膜覆盖的方式因当地自然条件、栽培作物种类、生产季节及栽培习惯的不同而异，可分为全膜覆盖、半膜覆盖、膜上/膜下播种栽培、膜侧栽培等方式。

## 1.全膜覆盖栽培

干旱、半干旱地区通过在秋季或春季顶凌全地面覆盖地膜，形成大小双垄集雨、沟播种植的技术模式，是对传统的半膜平铺覆盖、作物垄上种植的改革。技术核心是地膜全覆盖，保持秋冬土壤墒情，充分保住春季微小降雨，有效缓解严重干旱地区春旱对播种的影响，最大限度减少土壤水分无效蒸发，减轻土壤表面的风蚀和降雨冲刷。

　　全膜双垄沟播技术起源于甘肃榆中县，在甘肃中部区域玉米种植上广泛推广。全膜双垄沟播技术主要将全膜平铺技术、地膜栽培技术和膜侧沟播栽培相结合，大垄宽70厘米、高10厘米，小垄宽40厘米、高15厘米，在垄沟两边压土，两个地膜带接茬于大垄中部。该技术集覆盖抑蒸、垄沟集雨、垄沟种植技术为一体，实现了保墒蓄墒、就地入渗、雨水富集叠加、保水保肥、增加地表温度、提高肥水利用率的效果。其特点：一是显著减少了土壤水分的蒸发，尤其是秋覆膜和顶凌覆膜避免了秋冬早春休闲期土壤水分的无效蒸发，减轻了风蚀和水蚀，保墒增墒效果显著；二是显著的雨水集流作用，田间相间的大小垄面是良好的集流面，将微小降水集流入渗于作物根部，大大提高了天然降水的利用率；三是增加了积温，扩大了作物及中晚熟品种的种植区域；四是有效抑制田间杂草，减轻土壤的盐碱危害。在西北地区降水250 ~ 400毫米的干旱、半干旱农业区以推广全膜覆盖技术为主，应用的主要作物为玉米和马铃薯（图3-1）。

图3-1　全膜双垄沟播玉米种植

## 2.半膜覆盖栽培

半膜覆盖是指对地表进行部分覆盖，实现抗旱、保墒、节水的技术模式（图3-2）。按照覆盖位置可分为行间覆盖（地膜覆盖在作物行间）和根区覆盖（地膜覆盖在作物根系分布的区域），按照耕作方式可分为畦作覆盖、垄作覆盖、平作覆盖、沟作覆盖等。与全膜覆盖相比，半膜覆盖同样具有增温、保墒作用，可避免降水多时产生径流，同时降低了用膜成本。通过垄作覆盖、田间集雨，可以将小雨变大雨，无效降水变有效降水，提高水分利用效率；而且，也能够使肥料集中施用，农田水土流失也得到控制。在西北地区年降水量400毫米以上的地区以推广半膜覆盖技术为主，重点作物是玉米、马铃薯、蔬菜、中药材等。

图3-2　半膜覆盖栽培

## 3.膜上播种栽培

先铺膜后打孔。常有春旱发生的地区，整地施肥后在播种前10天左右盖膜，待到播种适期，按照株行距要求，用简易打孔器在膜面上打孔播种，一般深度4～5厘米，膜孔直径2～3厘米；然后适量浇水，用细土压好膜边和膜孔。膜面栽培是常规地膜栽培方式，优点是能提早增温、保水、提墒，对保证全苗有明显作用，节省用工，使整地、施肥、盖膜和播种分开作业，缓解劳力紧张矛盾；缺点是减少采光面积，降低增温效果，膜上土壤容易结壳，影响出苗，还有一部分出苗不对孔，需及时引苗出膜，培土施肥不便，作物生育后期有早衰现象，不能及时利用降水。该技术适用于加工番茄及其他蔬菜等移栽类作物种植（图3-3，图3-4）。

图3-3　新疆加工番茄种植前覆膜打孔　　　　图3-4　加工番茄移栽

## 4.膜侧播种栽培

实行宽窄行种植，地膜覆盖宽行，种子播在膜间裸地上距膜边5厘米处，覆膜行起垄5厘米高，并保持中间高两边低的弓形，压膜时要求膜面干净、平展，四周压实、压紧，以防大风揭膜，压膜时间要根据农事安排，最好早覆膜。采用膜侧播种栽培后，能有效提高水分利用率（可充分利用小量降雨，雨量较大时水分可储存在膜下），避免植株早衰，便于及时追肥、培土、除草；可减少50%左右地膜使用量，降低生产成本；集水效果好，可及时供给作物根系吸收利用；地膜完好率在80%～98%，可提高地膜的再利用率；产量较膜面栽培增产10%左右。以半干旱区、阴湿区为适宜推广区域，干旱地区种植应有补灌条件。作物以玉米、冬小麦、高粱、油葵等为主（图3-5），在底墒充足、春墒较好或有补灌条件下可应用于春小麦。

图3-5　玉米膜侧播种栽培

## 5.膜下滴灌播种一体化作业

该技术对播种前整地有极高要求，要求保持土壤细碎、平整、松软，方便铺设滴灌带和地膜。因其特殊的地理气候条件要求，通常在足墒情况下进行播种，即通常所说的"干播湿出"，采用播种机一次完成铺滴灌带、铺膜、播种、覆土、镇压，膜下点播要求精量播种，空穴率不超过2%，膜孔不错位，播种深度2～3厘米，穴上覆土厚度1厘米，覆土要细碎均匀，膜边封土严密。地膜覆盖栽培通常选用宽窄行栽培模式，例如棉花窄行10厘米、宽行66厘米；玉米窄行40厘米、宽行60厘米，可增加田间通风透光，充分发挥边际效应。覆膜栽培种植要经常检查地膜是否严实，发现有破损或土压不实的，要及时用土压严，防止被风吹开，做到保墒保温。并及时除去行沟杂草，按作物需水规律及时滴灌。适用作物以旱作区棉花、玉米为主（图3-6）。

图3-6　玉米膜下滴灌播种

## 6.加厚高强度地膜覆盖

加厚高强度地膜适用于蔬菜、棉花、玉米、花卉等作物（图3-7）。使用加厚高强度地膜时，根据区域气候特点、生产实际，选择合理的地膜覆盖方式和时间，抓好整地施肥、起垄覆膜、适时适墒播种等关键环节。根据产品性能指标，及时改进播种、覆膜等配套设备装置和农艺措施。

加厚高强度地膜的保温保墒性能明显高于普通标准地膜，可有效减少土壤水分蒸发，作物苗期长势、出苗率都会有明显提升；同时更加耐用，可重复利用，且用后拉力较强，便于机械回收，特别是膜边回收效果更好，可以从源头上保障地膜的可回收性（图3-8）。如甘肃在瓜果类作物上应用加厚高强度地膜，较普通地膜覆盖平均增产5%左右，且使用后膜面相对完整，更易于回收，平均每亩减少回收成本10～30元，田间捡净率提高10%；新疆在棉花上应用加厚高强度地膜，较普通地膜覆盖出苗率提高3%，平均增产5%，平均回收率达到85%以上。

图3-7　覆盖加厚高强度地膜的梯田

图3-8　加厚高强度地膜覆盖

# （三）地膜覆盖适宜性评价

针对不同区域内主要覆膜作物，根据作物生长需求、环境条件需求（包括温度、水分、光照等）及作物种植经济效益等对地膜覆盖技术开展适宜性评价，明确划分地膜覆盖技术应用的适宜区域与作物，合理利用地膜覆盖技术，避免地膜泛用、滥用。对于适宜覆膜的区域和作物，可推广一膜两用、减少地膜田间覆盖度等技术实现地膜源头减量。

## 1.适宜性评价概念

作物地膜覆盖适宜性是指地膜覆盖技术对作物自身环境要素需求与所在地提供环境要素差异的补偿程度，包括生态适宜性、经济适宜性和综合适宜性。其中，生态适宜性是指在地膜覆盖条件下作物生长发育需要的环境条件（温度和水分等）得到满足的程度，经济适宜性是指在地膜覆盖条件下种植作物获得的纯收益与当地经济效益的匹配程度，而综合适宜性是指地膜覆盖技术推广应用与地区生态、经济等方面的匹配程度。

## 2.适宜性评价方法步骤

**研究边界确定**。地膜覆盖适宜性评价需要收集一定数量气象数据，对气温、降水量、蒸散量等气候指标进行空间栅格化，研究区大小应至少是一个地级市。

**资料收集**。主要包括：①气象数据：研究区内和周边农业气象观测站基础日值气象数据；②地理信息数据：数字高程模型（DEM）、土地利用现状图等；③地膜覆盖功能数据：地膜覆盖与不覆盖条件下的土壤温度数据、土壤水分数据和作物产量数据等；④经济成本：通过实地调研获得的作物种植过程中各种农资投入费用和作业成本费用；⑤作物物候期资料：评价作物的关键物候期。

**评价模型的构建**。针对评价作物，考虑地膜覆盖以增温、保水、增产效益为代表的核心功能，结合评价指标选取原则和筛选方法，明确生态适宜性和经济适宜性的关键指标以及区域作物需求阈值标准，借助层次分析法和专家咨询法构建地膜覆盖技术适宜性评价模型。

**适宜区划分和方法**。作物地膜覆盖适宜区包括生态适宜区、经济适宜区和综合适宜区。其中，生态适宜区划分为3种，分别为：①生态高适宜区，在不覆膜条件下，作物生长发育需要的环境条件无法得到满足，只有采用地膜覆盖才能符合作物生长发育的环境条件；②生态中适宜区，在不覆膜条件下，作物生长发育需要的环境条件基本满足，而地膜覆盖能进一步改善作物生长发育所需要的生态环境；③不适宜区，在不覆膜条件下，作物生长发育需要的环境条件得不到满足，但即使采用地膜覆盖也不能完全补偿，或在不覆膜条件下，该地区环境条件能满足作物生长发育，无需采用地膜覆盖技术。

经济适宜区是结合评价地区作物地膜覆盖经济适宜性的指标因子，综合考虑该地区作物生产水平和经济收入潜力，将经济效益增量和产投比划分为适宜、中适宜、不适宜3个层面。

综合适宜区按照地膜覆盖技术推广应用与地区生态、经济等方面的匹配程度进行划分。将计算得到的生态适宜指数和经济适宜指数，代入地膜覆盖综合适宜性模型获取综合适宜指数。结合生态适宜性和经济适宜性区划标准获得综合适宜性标准阈值进行分级，确定地膜覆盖综合适宜性区划。

## 3.适宜性评价结果应用

根据地膜覆盖适宜性评价结果，在地膜覆盖不适宜区域，推广无膜浅埋滴灌等无膜栽培技术，同时加强作物抗旱品种选育和田间管理；在适宜地膜覆盖区域，推广科学覆膜、一膜多茬多季使用等技术，选用加厚高强度、耐候期长的地膜。

### 案例3-1 东北地区玉米无膜浅埋滴灌技术应用

在内蒙古通辽、赤峰等旱作区，通过研究该地区地膜覆盖对土壤温度、水分和作物产量的关系模型，构建作物生育需求阈值数据库，定量分析玉米地膜覆盖的生态和经济效益，采取层次分析法、专家咨询法等，筛选出生态适宜性关键指标为温度亏缺指数、水分亏缺指数，经济适宜性关键指标为经济效益增量和产投比，基于此构建地膜覆盖适宜性评价模型，科学测算作物地膜覆盖适宜度（图3-9，图3-10）。

根据适宜性评价结果，在可不覆盖地膜区域，推广玉米无膜浅埋滴灌种植技术（图3-11至图3-14）。具体作业流

图3-9　东北春玉米地膜覆盖适宜性评价系统

图3-10　东北春玉米适宜性评价区划

程如下：1.**整地**。在秋季深翻时，施入农家肥2 000～3 000千克／亩，翻耕深度为30～35厘米。2.**播种**。春季根据土壤墒情适时早播，利用精量播种机一次完成开沟、施肥、播种、铺管带、覆土镇压、喷除草剂等作业程序，采用宽窄行种植模式；播种的同时将滴灌带埋入窄行中间。3.**灌溉**。播种后及时连接主管与毛管等田间给供水设施，检查正常后浇出苗水，浇至滴灌带两侧。4.**田间管理**。6月上中旬及时对玉米螟实施绿色综合防控，分期适时滴水追肥。5.**收获**。玉米收获前及时回收滴灌带。成熟期适时机械化收获，秸秆粉碎还田。

该技术改膜下滴灌为无膜浅埋滴灌，既可减少水肥用量、提高水肥利用效率，又实现了地膜的源头减量。

图3-11　春耕播前整地

图3-12　浅埋铺设滴灌带

图3-13　播种后灌溉

图3-14　玉米苗期田间管理

# （四）废旧地膜回收

在当季作物生育后期、休耕期及下茬作物播种前适时进行废旧地膜回收。根据作物类型、区域特点、种植方式和生产规模采用人工捡拾回收、机械回收，以及人工捡拾+机械回收的技术方法。

## 1. 人工捡拾回收

在聚乙烯地膜完成覆盖功能期后，膜面未发生明显破损之前，可人工适期捡拾回收。在当茬作物收获后或下茬作物播种前，可采用锄头等工具沿膜侧人工开沟，使压在土壤中的地膜完全暴露，从田头沿覆膜方向进行人工扯膜。

揭膜前应对地膜覆盖面的秸秆、残茬进行适当清除，确保捡拾时地膜可以顺利揭起、回收。可采用适期揭膜技术，根据作物种类和区域条件，选择合理的揭膜时间和揭膜方式，在地膜完成其功能且又未老化破损前进行揭膜回收，提高地膜回收率。近年来，一些地方采用了适期揭膜技术，并取得了良好效果。如华北和新疆等地在棉花、玉米头水前揭膜，由于头水前地膜尚未老化、韧性好、不易破碎，回收率达90%以上；山西覆膜玉米在拔节期揭膜，即玉米出苗后45天揭膜，也能大幅度提高地膜回收率。适期揭膜是一种减少地膜残留的有效措施，可以较好地解决残留地膜污染问题。但由于作物不一样，其最佳揭膜时间也不一样，在使用该技术时要因地制宜，根据区域和种植对象正确选择地膜回收时机。

## 2. 机械回收

为提高地膜回收效率，在一些规模化、集约化程度高的地区，推广使用地膜回收机械，针对不同作物、在不同时期开展地膜回收。据不完全统计，我国研制的地膜回收机机型已达百余种。根据不同特征，残膜回收机可分成不同类型。**根据农艺作业时间不同，可分为播前残膜回收机、苗期残膜回收机和秋后残膜回收机，**

其中秋后残膜回收机应用最广泛。**按机具不同作业形式**，可分为单项作业机和联合作业机，其中联合作业机包括秸秆粉碎还田残膜回收联合作业机和整地残膜回收联合作业机。**按工作部件入土深度不同**，可分为表层残膜回收机和耕层残膜回收机。**按关键收膜部件不同**，可分为滚筒式、弹齿式、齿链式、滚筒缠绕式等，其中滚筒式收膜部件主要依靠偏心机构、凸轮或滑道实现捡膜弹齿的伸缩，完成残膜的捡拾与脱送，整机结构复杂，成本高；弹齿式收膜部件结构简单、造价低，在新疆地区广泛使用，但残膜回收率低；齿链式收膜部件是基于柔性钉齿链板组的整膜捡拾及清杂装置，其选择采用多条纵向布置的柔性钉齿链板，将地膜完整铺展的捡拾起来并向上输送，输送过程中采用抛振机理实现地膜与膜面杂质的有效分离。

作物收获后，针对土地平整和覆膜种植集中连片地区，采用适当幅宽的残膜回收单式作业机或秸秆粉碎还田与残膜回收联合作业机进行残膜回收；针对覆膜种植不集中连片且田块面积较小地区，采用小型单式残膜回收作业机或复式联合作业机具进行残膜回收。在下茬作物播种前，可采用弹齿式、搂耙式等回收机械，进行耕层内残膜回收作业，机械捡拾作业质量应符合《残地膜回收机 作业质量》（NY/T 1227—2019）要求。可在机械捡拾后，人工对农田中遗留的地膜和田间地头机械无法捡拾的区域进行二次捡拾。

---

### 案例3-2　新疆棉田地膜机械化回收

在新疆阿克苏、石河子等内陆绿洲农业区，农业生产的规模化、机械化程度较高，棉花是该区域主要农作物之一，地膜覆盖是棉花生产的关键措施。该区域种植模式为1膜6行（66厘米+10厘米），滴灌带采用1膜3管浅埋于窄行间。

为提高地膜回收率，同时又考虑到新疆紫外线强、温

---

差大、风沙大等气候特点，地膜使用回收周期长，地膜需具有良好的抗老化性能，耐候期一般在210天以上，该区域棉田地膜回收采用两次回收作业（图3-15至图3-17）。第一次回收作业在棉花收获后进行，一般为10月下旬或11月上旬，选择二阶链板式、随动式秸秆粉碎还田与残膜回收联合作业机，或者4JMLQ-210秸秆还田与残膜回收联合作业机进行棉花秸秆粉碎和地膜回收联合作业。作业效率10～15亩/时，当季地膜回收率超90%，秸秆等纤维性杂质含量低于20%。第二次回收作业在翌

图3-15  4JMLQ-210秸秆还田与残膜回收联合作业

图3-16  秸秆粉碎与残膜集条联合作业

图3-17  棉田废旧地膜机械回收效果

年春季进行，采用4SGMS-2.0型梳齿式耕层残膜回收机，或4CM-2.6型残膜回收机回收土壤中的残留地膜，并对土壤进行耙糖，地膜回收率达到85%。

案例3-3　甘肃马铃薯挖掘与残膜回收一体化作业

甘肃马铃薯种植主要有大垄双行、小垄单行、全膜双垄沟播等模式，该区域是在马铃薯杀秧后约一周时间进行马铃薯挖掘与残膜回收一体化作业（图3-18）。

图3-18　甘肃马铃薯挖掘与残膜回收一体化作业

马铃薯80%左右的茎叶枯黄、块茎成熟时，采用1JH-110薯类杀秧机进行机械化杀秧，留茬高度以不超过5厘米为宜。杀秧约一周后，马铃薯表皮木栓化，收获时土壤相对含水率不大于20%时，进行马铃薯挖掘和残膜回收一体化作业。作业时，收获机通过悬挂机与拖拉机连接，挖掘铲前后运动，土垡与马铃薯被挖掘铲铲起，两端通过切土圆盘刀切断茎秆和土块，通过抖动机构上下抖动，土垡、马铃薯及废旧残膜通过振动栅条向后输送，在输送过程中马铃薯留在栅条上，土壤从栅条缝隙中落到地上，马铃薯最后条铺在机具正后方，残膜通过旋转锥筒上的双排缠膜钉齿扎破，缠绕在缠膜锥筒上，完成挖掘与残膜回收联合作业。在卷膜过程中偶尔有残膜缠绕不上时，可人工辅助把大块残膜搭接到缠膜锥筒上，回收的残膜卸载到地头便于运输的地方存放。作业机具为4UFMJS—110型马铃薯挖掘与残膜回收一体机，机具作业效率为3～4亩／时，马铃薯损失率＜4.0%，伤薯率＜1.5%，破皮率＜2%，地膜回收率达85%，回收地膜中秸秆等杂物含量低于15%，且易于再利用，降低作业成本。

## 3.回收网点布设

废旧地膜离田可以避免地膜残留对农田的污染危害。目前，在地膜用量较大的地区，回收途径主要是设立专门的废旧地膜回收站点进行统一回收，通过地膜使用者或从事地膜回收的个人和组织，将地膜进行初步抖土除杂后，拉运交售至回收网点或企业。废旧地膜田间捡拾后，需进行清杂处理，及时交送回收站点，不得随意丢弃、掩埋或焚烧。

回收站点的选址、布局、规模应与辖区内经济发展状况、交通便利度、地膜使用量等相协调，便于交收、运输，符合高效环保的原则。鼓励地膜回收体系与供销合作体系、垃圾处理体系、可再生资源体系等相结合。回收站点要有必要的围挡设施，对交送的废旧地膜分类捆扎、打包后，及时交送就近的回收加工企业处理。鼓励地膜回收加工企业和个体从业者直接到田间地头进行回收，减少中间环节，降低农业劳动者和农业生产经营者组织送交及储运的成本。

## 4.回收机制探索

一是试点地膜生产者责任延伸机制。推动回收责任由使用者转到生产者，将地膜回收与使用成本联动，落实各方主体的回收责任。二是试点农膜回收区域补偿制度。探索建立耕地地力补贴资金与农膜回收相挂钩的补贴机制，引导农民自觉回收农膜、保护耕地质量。三是开展废旧地膜"以旧换新"。通过财政资金采购高标准易回收的地膜，按照一定比例兑换农户捡拾的废旧地膜。

**案例3-4　甘肃广河地膜生产者责任延伸机制**

广河县位于甘肃省中部西南，每年地膜覆盖面积36万亩以上，使用量2 100吨以上。2017年以来，广河县探索实践"谁生产、谁回收"的地膜生产者责任延伸机制，由地膜供应企业按照供应量回收销售区域内的废旧地膜，有效压实生产企业回收责任，倒逼企业提高地膜产品质量（图3-19至图3-22）。

图3-19　广河县旱作农业顶凌覆膜万亩示范片

图3-20　农户主动交售捡拾的废旧地膜

图3-21　回收站点对农户交售的废旧地膜登记造册

图3-22　加工企业从回收网点拉运废旧地膜进行再利用

**1.严格筛选供膜企业**。将企业具备废旧地膜回收加工能力作为招标必要条件之一，筛选确定供膜企业。**2.严格落实供膜企业责任**。县农业农村部门与中标企业签订农用地膜生产者责任延伸制度协议，明确由地膜生产企业统一供膜、统一回收。在地膜招标采购价确定时，给予适当上浮价格优惠，以调动招标企业积极性，并将供膜款的12%作为地膜回收质押金，由采购单位暂时保管。3.建设标准化回收网点。协调供膜企业建设标准化回收网点3处，并建立好回收台账。4.完善地膜回收机制。县农业农村部门与各专业化回收网点签订包片回收协议，将采购所得地膜通过"以旧换新"等方式，发放给地膜使用者。5.强化责任落实考核。年度回收结束后，企业通过收购或者新地膜抵价的方式，将广河县回收的废旧地膜拉运至加工车间进行资源化利用。广河县考核地膜生产企业完成回收任务后，拨付地膜采购款剩余部分。

### 案例3-5　甘肃高台区域补偿制度促地膜回收

高台县位于河西走廊中部，2020年起，开展地膜回收区域补偿制度试点建设，通过实施回收企业包镇、地膜"以旧换新"、用膜情况公开、镇村干部监督、补贴达标发放、部门联合执法等措施，推动建立绿色生态导向补贴挂钩新机制，推进废旧地膜高效回收（图3-23至图3-27）。

一是制定激励政策。按照经营主体每捡拾交售废旧农膜6千克（折纯）兑换1千克新膜，开展地膜"以旧换新"。二是注重宣传发动。发放《告广大农户的一封信》《农用薄膜管

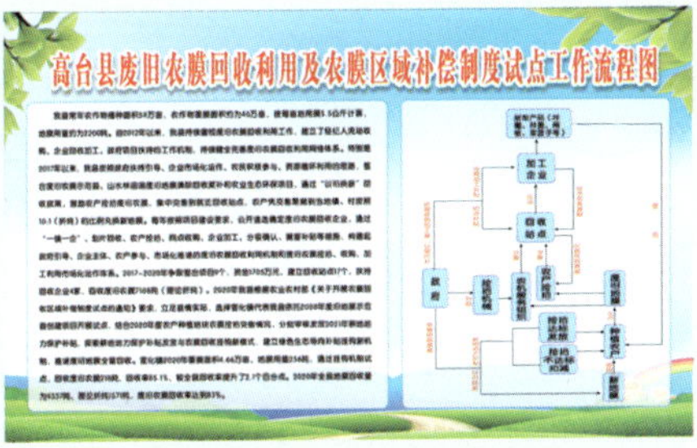

图3-23　高台县农膜回收区域补偿制度试点工作流程图

图3-24　发动农户主动捡拾回收
　　　　废旧地膜

图3-25　回收站点对交售的废旧
　　　　地膜称重登记

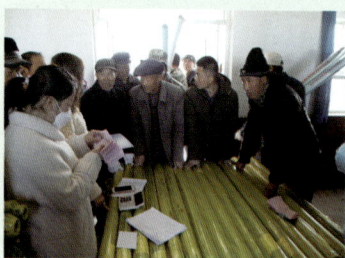

图3-26　按照农户交售票据开展
　　　　地膜"以旧换新"

图3-27　高台县区域补偿制度试
　　　　点公示情况

理办法》等宣传页，制作宣传版面、公示栏、红黑榜，规范
工作程序，引导群众提高认识、自觉捡拾、主动交售。三是
健全回收体系。采取"一镇一企"，划定回收区域范围，签
订包片协议，实现应收尽收。督促回收企业依托村委会合理
布设回收站点，确保覆膜区域全覆盖。四是严格督导考核。
按照"一网两摸四评三公示"的工作流程（一网：强化网格
监管；两摸：摸清用膜底数、摸清交售总量；四评：农户自
评、小组互评、镇村复评、县级抽评；三公示：对农户覆
膜、捡拾交售、评定结果进行公示），对考核达标的，及时
向相应农户发放当年补贴资金，对考核不达标的，暂缓发放
当年补贴资金，劝导督促抓紧整改。

## 案例3-6　甘肃酒泉"以旧换新"推进地膜回收

　　酒泉市肃州区地处河西走廊中段，耕地面积72万亩，地膜覆盖面积常年保持在55.5万亩左右，使用量约3 330吨。近年来，通过政府补贴、全程监管、市场运作、全民参与，推进废旧地膜"以旧换新"，调动各方参与回收利用，加强地膜源头防控，有效解决地膜残留污染问题（图3-28至图3-35）。

图3-28　广泛宣传引导群众回收废旧农膜

图3-29　发动群众主动捡拾回收废旧地膜

图 3-30  采用机械化回收作业

图 3-31  政府采购符合国家标准的新地膜

图 3-32  建立完善的回收网络

图3-33　农民用废旧地膜兑换新地膜

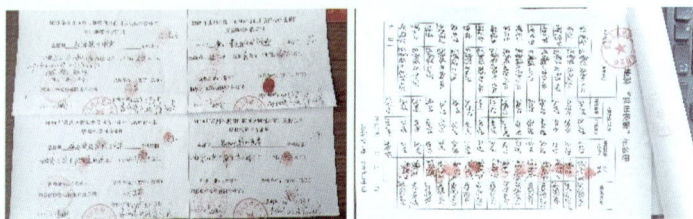

图3-34　建立完善废旧地膜回收管理台账

图3-35　对送交的废旧地膜回收再利用

具体工作流程：①肃州区农业技术推广部门制定年度方案，筛选确定废旧地膜包片回收加工企业；②回收加工企业根据包片区域，按照市场化运作的方式建立回收站点；

③乡镇组织发动群众捡拾交售废旧地膜，回收站点进行统一回收、登记造册，按照7∶1的比例开展地膜"以旧换新"；④回收的废旧地膜拉运至加工企业进行再利用，加工企业建立加工台账；⑤肃州区农业技术推广部门对回收、加工过程进行全程监管。

通过实施该模式，肃州区连续3年废旧地膜回收利用率达到80%以上，盘活了已有废旧地膜加工再利用能力，健全了回收网络体系，减轻了耕地残膜污染，农业生态环境得到了有效保护和改善。

## （五）废旧地膜处置利用

### 1.分类回收处置

按照废旧地膜功能、材质、再利用价值及分布情况，采取适宜方式实行科学分类回收处理。对具有二次利用价值的废旧地膜，纳入再生资源回收利用系统，实行市场化运作；对无利用价值的废旧地膜，纳入农村生活垃圾处理体系，切实提高回收处理效率。

### 2.资源化利用

根据各地实际情况，废旧地膜回收加工企业可采取再生造粒、燃料提取、燃料发电、制作木塑等多种方式进行资源化利用。**再生造粒**是目前普遍采用的一种方式，通过分类筛选、膜杂分离、破碎、清洗、脱水沥干、熔炼塑化、切割造粒等工艺流程，选用节水节能、高效、低污染的技术和设备，实现废旧地膜加工再利用，还可进一步深加工制成滴灌带、管材、汽油桶、育苗盘等产品。另一种方式是**废旧地膜高值化利用**，将含杂的废旧地膜直接进行密封粉碎，与植物纤维、矿渣等融合后，制成木塑板、井盖、树箆子等复合材料，实现高值再利用。对秸秆杂质含量高、难分拣、再利用价值低的废旧地膜，可采用专用设备燃烧发电等方式处理。

### 案例3-7　甘肃会宁企业专营废旧地膜回收加工

会宁县位于甘肃省中部，以旱作农业为主，年地膜覆盖面积189万亩，年产生废旧地膜7 000吨以上，是甘肃地膜覆盖面积最大的县区。近年来，通过完善废旧地膜回收利用网络体系，组织商贩流动收购、网点固定收购、加工企业回收再利用，地膜残留污染防治取得了显著成效（图3-36至图3-40）。

图3-36　流动商贩田间地头回收废旧农膜

图3-37　废旧地膜腐熟打包

图3-38　回收站点废旧地膜堆放场

图3-39　废旧地膜破碎清洗

图3-40　废旧地膜再生造粒设备运行

当地按照"农户捡拾－流动收购－集中储运－加工再利用"工作模式，建立废旧地膜回收站点23个、机械化回收合作社8个，培育流动收购商贩30余人，扶持建设专业化回收加工企业1个。企业拥有造粒机2台、电磁加热设备1套、塑源160-180型主机2台、塑源600型破碎机2台、塑源300型冲洗机4台、塑源600型吸料机4台和塑源140型过滤机4台，年回收废旧地膜2 400吨（含杂质），生产地膜再生颗粒1 000多吨，建立了较为稳定的产品销售渠道，形成了覆盖全县、高效运行的废旧地膜回收利用网络体系。

## 3.无害化处置

对含杂率高、膜秆（秧）分离难、利用价值低的废旧地膜，纳入城镇生活垃圾处置体系，统一归集，进行集中填埋、焚烧等无害化处理。

**案例3-8 江苏昆山废旧地膜分类回收处置**

实施地点位于江苏省昆山市（图3-41至图3-45）。一是建设规范的经营回收网络。依托供销合作社农资集中配送网点，按照"有固定防渗场地、有统一标牌、有专人负责、有废膜储有量、有规范台账"的"五有"标准建设回收网点18个，同时分片区建成配套齐全、面积超750米²的废旧地膜归集仓库2个，形成"市有回收企业、区镇有回收站、村有回收点"的三级回收利用体系。二是摸清使用底数，对所有使用地膜的生产主体实行登记造册。逐户调查每个主体地膜使用量、预计废膜产生量、产生时间

图3-41 按照"五有"标准建立回收站点

图3-42 废旧农膜归集仓库

等，生产主体做好日常使用和上交记录。三是开展主动回收服务。各回收网点根据生产主体档案，在换膜季节主动联系生产主体开展上门回收，做好分户回收记录，并录入电子管理平台，形成了定点回收→分类整理→集

图3-43　废旧农膜归集专库

中转运→专库储存→规范化利用的回收利用封闭式循环。四是分类处置。市级回收企业对地膜及棚膜等统一打包交售给有资质的再生资源加工企业重新加工制作成新的塑料薄膜制品，对于农村自留地等产生的废旧地膜，因使用量少，纳入农村生活垃圾处理体系回收处理，实施无害化处置。

图3-44　回收网点主动上门回收服务

图3-45　仓库中回收的废旧地膜

## 案例3-9　江苏句容废旧地膜回收及无害化处置

实施地点位于江苏省句容市（图3-46至图3-48）。一是体系建设全。分级设置基层回收点11个、片区回收仓库2家、市级回收总站1家、无害化处置企业1家，形成收、贮、处理"一条龙"服务体系，为全市废旧地膜回收处置提供完善保障。二是保障服务好。抓住春耕备耕、夏收夏种等农膜更新与回收关键期，集中人员对大面积使用农膜的种植户进行上门服务，形成了上门回收→集中转运→专库储存→无害化处置的封闭式循环。三是处置转化强。农业农村与生态环境、城市管理等多部门联动，将废旧地膜全部纳入农村垃圾处置系统，形成"多元化统一回收、专

图3-46　建立基层农膜回收点

图3-47　上门回收

图3-48　将废旧农膜纳入农村垃圾处置系统

业化定期归集、无害化集中处理"的绿色回收处置模式。废旧地膜通过"SNCR（炉内）＋半干法＋干法＋活性炭喷射＋布袋"串联的专业化处置方式，进行无害化焚烧，处置率100%，废气排放符合国家标准，炉渣进行资源化利用，同时提供绿色能源（每吨废旧地膜焚烧发电400～500度）。

# （六）地膜残留监测

## 1.样品采集

**采样点资料收集**：①气象资料，包括采样点年均温、年降水量、日照时数和无霜期等；②采样点基本信息，包括行政区划、经纬度、海拔、土壤类型等；③农业生产的情况，包括耕地类型、覆膜作物、物候期、地膜使用量、覆盖方式、田间地膜覆盖比率、覆盖时间、地膜生产厂家等相关信息。

**采样单元选择**：根据覆膜作物种类、覆盖面积、覆膜方式和比率、覆盖年限来确定样品采集单元。采样单元要能代表当地典型地膜覆盖应用和残留污染现状，保证同一单元内差异性最小，保证采集的数据具有科学性、连续性和代表性。

**采样点布设**：采样点的布设应符合土壤残膜污染背景值研究的要求，在覆膜作物、地膜使用量、地膜覆盖方式等基本一致的条件下，均匀布点。采样点选在相对平坦、稳定、地块面积相对较大的连片农田里，以便长期监测；采样点应避开池塘、沟渠等，离铁路、省级以上公路至少300米。同时，根据采样单元面积来确定采集样点的数量，采样点数量不少于5个，且每个采样点间距应在15米以上。具体取值见表3-2。

表3-2　采样点数量的确定原则

| 采样单元面积（公顷） | ≤1 | 1 ~ 5 | ≥5 |
|---|---|---|---|
| 采样点数量（个） | 5 | 5 ~ 10 | 10 ~ 15 |

**布设的方法**：采样单元面积≤1公顷、地势平坦的地块，采用"对角线"或者"梅花点"采样法；采样单元面积1 ~ 5公顷、地势整齐的地块，采用"棋盘点"采样法；采样单元面积≥5公顷、地势很不平坦的地块，采用"蛇形线"采样法。

**采样时间**：基于地膜使用的生命周期及农业生产实际，在田间作物收获后至下一季整地铺膜前进行残膜采样。

**采样工具**：主要包括工具类、器材类和文具类三大类。其中：工具类包括铁锹、尼龙/金属筛子（筛孔规格为8 ~ 10目，孔径约2毫米）、铁扦或木扦（长度30 ~ 50厘米）、线绳、便携式铁锤、帆布（约2米×2米）等；器材类包括照相机、手持GPS、卷尺、样品袋、万分之一电子天平、洗涤剂、微波清洗器或超声波清洗器等；文具类包括样品标签、采样记录表、铅笔、橡皮、记号笔、计算器、资料夹等。

**采样方法和步骤**（图3-49）：主要包括①确定采样点，用GPS定位并作记录；②用铁扦作为四角支撑点，用粗线连接成一个100厘米×100厘米的正方形，向外扩展约10厘米，沿着四边挖沟，深度约40厘米，初步形成一个110厘米×110厘米大小的采样样方；③捡拾回收地表当季覆盖的地膜，削去样方外多余的土壤，使之形成大小为100厘米×100厘米的正方形样方，用直尺从地表测量标记，取样深度为30厘米；④将取出的土壤和残膜混合样品分层（0 ~ 10厘米，10 ~ 20厘米，20 ~ 30厘米）放在帆布上，逐次用筛子筛去土壤，捡出残留地膜，放入样品袋，并在样品袋内外都放置样品标签；⑤土壤中残留地膜全部收集完后，将挖出的土方全部回填，恢复农田原貌。

图3-49　农田地膜残留监测点采样

**采样现场记录**：采样的同时，专人填写样品标签，同时收集采样点基本信息和地膜残留污染调查统计数据。

## 2.样品处理

样品处理主要包括：①将取回的残膜样品延展开，手工去除吸附在残膜上的根系、泥土、秸秆等大颗粒杂质；②将地膜样品放入水中浸泡1小时左右后进行初步清洗，清除地膜上的泥土和其他杂质，然后仔细展开每个卷曲的地膜，防止地膜破裂；③初步清洗后，再使用微波清洗器进行进一步的清洗，保证残膜上不再附着泥土；④用滤纸吸干残留在地膜样品上的水分，在阴凉干燥处自然晾干，至恒重后，用万分之一电子天平分别称量各样品重量。

## 3.数据分析

数据分析主要计算地膜累积残留量（*RPI*）、地膜当年残留量（*EI*）和地膜残留系数（*MRI*）。其中地膜累积残留量指覆膜多年的农田土壤中累积的残留地膜总量，单位为千克/公顷。按公式（1）计算：

$$RPI = 10 \times \frac{\sum_{i=1}^{m} X_1 + X_2 + \cdots + X_i}{m} \qquad 公式（1）$$

式中：*X*为每个调查样方内残留地膜净重，单位为克；*m*为某采样单元内调查样方数量（每一调查样方面积为1米$^2$）；10为克/米$^2$转换成千克/公顷的系数。

地膜当季残留量指种植当年农田中地膜残留的增加量，为两年地膜累积残留量的差值。当年作物播种前进行样品采集，得到当年地膜累积残留量；下一年作物播种前，在第一次所取样方的同一个田块、已测试样方以外的区域，按同样的方法再次取样，得到翌年地膜累积残留量。两者的差值即为地膜当年残留量，单位为千克/公顷。按公式（2）计算：

$$EI=RPI_2-RPI_1 \qquad \text{公式（2）}$$

式中：$RPI_2$（千克/公顷）为第二年地膜累积残留量；$RPI_1$（千克/公顷）为第一年地膜累积残留量。

地膜残留系数指单位面积地膜残留量与该年度实际铺设地膜重量的比值，单位为%。按公式（3）计算：

$$MRI=\sum_{i=1}^{n} \frac{e_i(RPI_2-RPI_1)}{UI_i} \times 100 \qquad \text{公式（3）}$$

式中：$i$代表某种作物，$UI_i$（千克/公顷）为单位面积农田年度实际铺设地膜重量；$e_i$为某种覆膜作物的加权值；$n$为作物种类数。

# 四、全生物降解地膜应用与评价

## （一）产品要求

全生物降解地膜是以生物降解材料为主要原料制备的，用于农田土壤表面覆盖的地膜。全生物降解地膜覆盖使用后，在自然条件如土壤等条件下，可由自然界存在的微生物作用引起降解，最终完全降解变成二氧化碳或甲烷和水及其所含元素的矿化无机盐。有关性能及指标具体如下。

**原料及助剂等**：全生物降解地膜的主要成分是具有完全降解特性的脂肪族聚酯、脂肪族-芳香族共聚酯，如聚对苯三甲酸己二酸丁二醇酯（PBAT）、聚丁二酸丁二醇酯（PBS）、聚乳酸、二氧化碳-环氧化合物共聚物等，允许在配方中加入适当比例的淀粉、纤维素等，以及其他无环境危害的无机填充物、功能性助剂。但不得含有聚乙烯（PE）、聚丙烯（PP）等烯烃类原料。

**物理机械性能及功能**：力学性能指标要符合表4-1要求。根据国标及生产实际的需求，在干旱半干旱地区使用全生物降解地膜的水蒸气透过率应不超过400克/（米²·天），其他地区应符合国家标准A类要求[国标中A类为小于800克/（米²·天）]。

**使用寿命**：国家标准中全生物降解地膜有效使用寿命被划分为4类，分别为Ⅰ类（≤60天）、Ⅱ类（60～90天）、Ⅲ类（90～120天）和Ⅳ类（＞120天）。综合考虑全生物降解地膜功能持续期、经济性、作物实际需求等，推荐采用Ⅱ类（60～90天）和Ⅲ类（90～120天）标准，各地根据作物种类、区域农业生产条件等具体确定。

表4-1　全生物降解地膜力学性能指标

| 项目 | 指标 | | |
|---|---|---|---|
| | $d_0<0.010$ | $0.010\leqslant d_0<0.015$ | $d_0\geqslant 0.015$ |
| 拉伸负荷（纵横向）（牛顿） | ≥1.5 | ≥2.0 | ≥2.2 |
| 断裂标称应变（纵向）（%） | ≥150 | ≥150 | ≥200 |
| 断裂标称应变（横向）（%） | ≥250 | ≥250 | ≥280 |
| 直角撕裂负荷（纵横向）（牛顿） | ≥0.5 | ≥0.8 | ≥1.2 |

注：$d_0$ 表示公称厚度，单位为毫米。

# （二）应用评价

## 1.基础资料收集

**气象资料**：主要包括试验点海拔、气候类型、降水量、降水分布、年积温、年最高（低）平均温度等。

**土壤资料**：包括试验点土壤的容重、孔隙度、有机质含量、全氮、全磷、全钾、速效氮磷钾和pH等数据。

**农艺措施**：包括品种选择、整地起畦、底肥施用、播种时间与方法、田间管理、灌溉记录、作物生育期、施肥种类、施肥量、施肥方式、施肥时间、病虫害防治等。

**地膜覆盖资料**：包括参加测试全生物降解地膜和对照PE地膜基本情况，如颜色、规格；应用评价基本情况，包括覆膜作物种类、覆盖比例、覆膜方式、覆盖时间等；地膜使用后的处理再利用情况等。

## 2.试验设计

评价观测点地块应选择集中连片平整地块，根据当地实际情

45

况设置n+2（n为试验点使用全生物降解地膜产品数量）个处理，不设重复。其中全生物降解地膜设置n个处理，不覆膜设置1个处理，面积不小于1亩，普通标准PE地膜覆盖为对照，面积不小于1亩。各处理间作物品种、播种量、播期、整地、铺膜方式与施肥种类、数量、田间管理等措施一致。

覆膜前做好整地，保证耕地垄（畦）面平整。试验点上要明确每种全生物降解地膜的覆盖区域边界，各处理间设置保护行。起垄（畦）种植，明确垄（畦）宽、垄（畦）间距、垄（畦）沟深及作物的行距和株距。

## 3.评价指标与方法

**上机性能测试：** 根据各地地膜铺设实际情况，利用当地常规覆膜机进行地膜覆盖作业，测试全生物降解地膜的上机性能，重点观察在覆膜机具正常行走状态下是否存在断裂和粘连等情况。上机铺膜时需保存附带地膜产品合格证或产品信息语音说明的视频资料，不少于2分钟。

**土壤温度测试：** 土壤温度测定方法要符合由国家气象局编写的《地面气象观测规范》中关于地温的测定要求，推荐采用以铂电阻地温传感器配套数据采集系统的方法进行测定。在每个观测区、不覆膜处理、普通PE地膜处理分别取对角线上3个等分点进行埋设。埋设点应考虑垄面和植株之间的位置关系，保持方位的一致性，避免光线方向和植株长大后的遮光性差异，及时观察地温计周边出苗率，保持一致性。

**作物生长情况调查：** ①生育期调查。开展地膜覆盖农作物生育期调查，生育期的日期以区域内50%以上植株进入该生育期为标志。②生长发育情况测定。开展地膜覆盖农作物株高、茎粗、叶长、叶宽、叶绿素含量等性状的测定，分析覆膜对农作物生长发育的影响。

**作物产量效益情况测定分析：** ①明确测产方法。要求将小区内杂株和非试验因素引起的异常植株（如空秆）剔除，剔除株的产量以小区平均产量补回。②产量效益测定。测定不同产品类型、不同覆膜方式下作物在生育期内的产量，计算产生的经济效益。

垄（畦）面地膜降解情况观测：①观测点设置。采用固定观测框方法观测，每个核心观测区按照"梅花形"选3个观测点。观测框根据作物株距及地膜幅宽确定，不小于50厘米×50厘米。②观测时间。观测记载人员应在覆膜后前30天，每10天观测1次；覆膜后31～75天期间，每5天观测1次；75天以后每10天观测1次。种植越冬作物最高气温低于10℃时，每一个月观测1次。③观测内容。记录各参试膜破损情况（是否出现裂纹、裂缝以及破碎程度，记录裂纹、裂缝的数量以及破碎的块数并记录），并判定降解情况，记录降解各个阶段出现日期。④观测要求。拍照记录每个降解阶段的场景，具体如下：按照观测间隔要求，每次观测都拍一组照片，直至无膜期；观测到首个降解地膜达到诱导期、开裂期、大裂期、碎裂期和无膜期时，所有样品分别全部拍照。每次观测日拍照后，务必于当天对照片标注，发现问题及时补救。

填埋降解情况调查：将地膜裁剪成40厘米×30厘米的填埋样品，做好标记，装入50厘米×40厘米的20目防虫网袋中，每个网袋装1片。总样品数为3×n次，3为每次取样样品数，n为取样次数，一般取样3～5次，每次间隔6个月，将装有样品的网袋埋入土中，埋藏深度为10～15厘米，随机排列。

降解速率性能测试：根据《全生物降解农用地面覆盖薄膜》（GB/T 35795—2017）的规定，按照《受控堆肥条件下材料最终需氧生物分解能力的测定 采用测定释放的二氧化碳的方法 第1部分：通用方法》（GB/T 19277.1—2011）对全生物降解地膜生物降解性能进行检测。

环境安全影响评价：根据有关标准规范，测试地膜材料及作为中间物的降解产品可能造成的负面影响，包括植物生长急性毒性实验、蚯蚓急性毒性实验、蚯蚓慢性毒性实验、土壤微生物硝化抑制实验等。

## （三）田间应用技术要求

### 1.北方春播马铃薯全生物降解地膜覆盖技术要求

①技术适用范围。本技术要求适用于秦岭淮河以北地区春季马铃薯播种。

②地块条件。选择地势平坦、土层深厚、土壤保水保肥能力强、细碎平整、坡度在15°以下的地块，忌重茬迎茬。

③地膜产品要求。选用地膜符合《全生物降解农用地面覆盖薄膜》（GB/T 35795—2017）规定，地膜宽度根据当地覆膜机具选择，一般选用幅宽为70～80厘米。地膜降解诱导期为50～60天，拉伸负荷（纵、横向）≥1.5牛，断裂标称应变（纵向）≥150%，断裂标称应变（横向）≥250%，直角撕裂负荷（纵、横向）≥0.8牛，水蒸气透过量＜400克/（米$^2$·天）。

④覆膜栽培与田间管理。

**整地与施肥**：整地前，清除土壤中残留的前茬作物、石块等，深翻25厘米以上，及时耙糖保墒。种薯处理、播种时间、播种量、播种方法和施肥按照《半干旱区马铃薯高垄滴灌双减增效栽培技术规程》（DB15/T 1991—2020）规定执行。肥料使用符合《肥料合理使用准则通则》（NY/T 496）规定。

**覆膜**：覆膜播种机选择符合《铺膜播种机》（JB/T 7732）规定。覆膜时机械作业速度要适中，避免地膜断裂、破损；覆膜后检查作业质量，压实两边，膜面适当覆土，使薄膜紧贴地面（图4-1）。

图4-1　马铃薯覆膜

田间管理：灌溉及追肥按照DB15/T 1991—2020规定执行。幼苗破土顶膜时进行第一次中耕培土，苗高15～20厘米封垄前进行第二次中耕培土（图4-2）。

图4-2 马铃薯苗期

病虫害防治：马铃薯早晚疫病、黑痣病等主要病虫害防治按照DB15/T 1991—2020规定执行，农药使用应符合《农药安全使用规范 总则》（NY/T 1276）规定（图4-3至图4-4）。

图4-3 马铃薯喷药

图4-4 马铃薯开花期

⑤残膜处理。收获后结合整地，及时翻耕，促进残膜降解。

## 2.东北旱直播水稻全生物降解地膜覆盖技术要求

①技术适用范围。本技术要求适用于内蒙古兴安盟（图4-5至图4-8）、黑龙江及相似生态区旱作水稻集中种植。

图4-5 内蒙古旱作水稻出苗期

图4-6 内蒙古旱作水稻幼苗期

图4-7 内蒙古旱作水稻扬花期

图4-8 内蒙古旱作水稻成熟期

②**地块条件**。选择地势平坦、土质比较肥沃、对水稻没有药害的地块,土壤pH 6.0 ~ 7.5,盐分含量≤0.3%,有滴灌设施。

③**地膜产品要求**。选用诱导期≥80天、厚度在0.01毫米以上的黑色全生物降解地膜,透光率在5%以下,最大拉伸负荷(纵、横)均在1.5牛以上,水蒸气透过量<400克/(米²·天)。根据当地覆膜机具选择地膜宽度,一般选用120 ~ 130厘米宽度的全生物降解地膜。

④**覆膜栽培**。

**整地与施肥**:秋收清除田间秸秆后,实行秋翻秋耙地,耕翻深度30厘米以上。春播前，采用旋耕机旋耕1次，深20厘米以上。达到深浅一致，地平土碎。结合整地每亩施用腐熟农家肥1.5～2吨，水稻专用复合肥（N：$P_2O_5$：$K_2O$=1：0.5：1，总养分45%）20千克。

**播前准备：** 晒种时，清除秕谷、草籽和杂物，在晴天阳光下晒种3～4天。将选好的稻种倒入10%～15%的食盐溶液中，搅拌后捞出秕谷和杂物，用清水洗净种子表面盐分后晾干。再用浓度为25%的咪鲜胺乳油2 000～3 000倍液，常温浸种4～5天，捞出晾干后用水稻种衣剂包衣，晾干备用。

**播种：** 当5厘米以上土层温度稳定在8℃以上时播种，播种量为每亩8～10千克，每穴播种14～16粒，一般播种深度不超过3厘米。

**覆膜：** 选用水稻旱种专用播种机一次作业完成覆膜、播种、施肥、滴灌带铺设。

⑤田间管理。

**灌溉：** 根据当地降水量和气候条件确定滴灌量和滴灌次数。正常年份，每亩水稻全生育期总需水量200～300米$^3$，需要滴灌水6～8次。当土壤绝对含水量不足15%时，要及时灌溉补水。

**追肥：** 结合滴灌，4叶期每亩追施尿素（N≥46%）5千克；8叶期每亩追施尿素5千克，氧化钾（$K_2O$≥60%）2.5千克；孕穗期每亩追施尿素2.5千克；灌浆期每亩用磷酸二氢钾0.1千克兑水25千克进行叶面喷施，间隔7天再喷施1次。

**除草：** 可通过中耕犁除草，苗眼杂草可采用人工除草。如需要化学除草可在杂草3叶期前每亩用48%灭草松液剂200毫升＋10%氰氟草酯乳油50毫升，兑水15千克叶面喷施。

**病虫害防治：** 水稻穗颈瘟病以预防为主，可在水稻破口期、齐穗期每亩用40%稻瘟灵乳油75～100毫升兑水25～30千克各喷药1次。

**适时收获：** 水稻95%以上颖壳呈黄色，谷粒定型变硬，米粒呈透明状，即可收割。

### 3.黄淮海地区大蒜全生物降解地膜覆盖技术要求

①技术适用范围。本技术要求适用于黄淮海地区大蒜全生物降解农用地面覆盖薄膜栽培（图4-9，图4-10）。

图4-9　大蒜覆膜种植

图4-10　大蒜覆膜降解状况观测

②地块条件。适用于地势平坦、土层深厚、排灌方便、土壤肥力中等或以上的地块。

③地膜产品要求。选择透明薄膜，厚度为0.008 ~ 0.010毫米，宽度为150 ~ 200厘米，可根据当地栽培模式选择。覆盖降解诱导期107 ~ 128天，开裂期138 ~ 160天，功能期176天以上。拉伸负荷（纵、横）≥1.5牛，纵向断裂标称应变≥150%，横向断裂标称应变≥250%，水蒸气透过量<800克/（米²·天）。

④覆膜栽培。

**整地与施肥：**底肥每亩施入腐熟有机肥4 000 ~ 6 000千克，复合肥100 ~ 120千克，深耕25 ~ 30厘米后耙碎，清除土壤中残留的前茬作物、石块等。

**播种：**9月下旬至10月上旬适时播种。播种行距18 ~ 20厘米，株距10 ~ 12厘米，种植密度以30 000株/亩为宜，播种深度3 ~ 4厘米，蒜种背向一致，蒜头朝上，覆土厚度1.5 ~ 2厘米。

**覆膜：**覆膜时地膜的中心线要与畦面的中心线重叠，人工或者机械作业时速度适中，避免机器方向上的任何张力，覆膜应平整、两边埋土压实。

⑤田间管理。

**播种后及时浇水：**3月中下旬至4月初视墒情开始浇返青水，每亩追氮肥15 ~ 20千克。抽薹期应保持土壤湿润，采薹前4 ~ 5天停止浇水。结合浇抽薹水每亩追施复合肥25 ~ 30千克。蒜头膨大期可选用0.3%磷酸二氢钾加0.3%尿素混合液，每隔10天喷1次。

**薄膜管护：**覆膜后至诱导期，要加强对薄膜的管护工作，大蒜出苗应人工辅助破膜，未破膜的蒜苗要及时辅助破膜，冬季要及时查看地膜，若发现大面积破损，需重新覆盖。破膜时因农艺操作失误造成的膜面撕裂和较大孔洞以及动物践踏等在膜面上形成的孔洞，必须及时使用细土封压严实。

**病虫害防治：**按照"预防为主，综合防治"的植保方针，以生态控制为主，以优质高产为原则，综合应用农艺、生物、物理和化学防治技术。合理轮作，减轻病虫害发生。化学防治时，农药使用应符合《农药合理使用准则》（GB/T 8321）（所有部分）的规定。

**适时收获**：蒜薹宜清明节前后适时采收，收薹后15～20天为蒜头最佳收获期。

⑥**贮运保存**。全生物降解地膜在贮运过程中，应防止日晒、雨淋，应在避光、阴凉、干燥处妥善保管。

⑦**后续处理**。大蒜收获后，结合田间农事操作，将土壤表面的残留薄膜翻耕到土壤中掩埋，以促进残膜的生物降解。

## 4.华北春花生全生物降解地膜覆盖技术要求

①**技术适用范围**。本技术要求适用于华北地区花生全生物降解农用地面覆盖薄膜栽培（图4-11至图4-15）。

图4-11 覆 膜

图4-12　花生出苗

图4-13　覆膜后观测

图4-14　全生物降解地膜进入大裂期

图4-15　山东花生覆膜

②地块条件。宜选用土层深厚、土壤疏松、透气良好、肥力中等以上、排灌方便的地块。

③地膜产品要求。选用透明或配色生物降解地膜（中间条带为透明），夏花生选用黑色生物降解地膜，厚度0.006～0.008毫米，宽度90厘米，诱导期60～70天，开裂期80～90天，功能期120天以上，0.006毫米厚度的地膜覆盖春花生应采用种行覆土。拉伸负荷（纵、横）≥1.5牛，纵向断裂标称应变≥150%，横向断裂标称应变≥250%；透明膜透光率≥88%、黑色膜透光率≤10%；水蒸气透过率＜800克/（米$^2$·天）。

④覆膜栽培。

**施肥：**宜采用测土配方施肥技术，有机肥料和无机肥料配合施用。高产攻关田一般亩施纯氮12～14千克，五氧化二磷10～11千克，氧化钾14～17千克，氧化钙10～12千克。有机肥应充分腐熟，高产攻关田一般亩施4～5吨或腐熟鸡粪1～1.2吨。微生物肥和有机底肥需覆膜前15天撒施耕翻，将肥料与土壤彻底混匀，避免微生物肥和有机肥料与薄膜直接接触，防止薄膜过早生物降解。

**整地：**土壤应精心整备，提前清理土壤中的作物残茬或石块等，对凹凸不平的土地削高填低，起垄并使垄面平整，以避免薄膜在覆膜中出现过早损坏。

**播种：**春播花生密度每亩8 000～10 000穴，垄距85～90厘米，垄面宽50～55厘米，垄上播2行，垄上行距28～30厘米，穴距17～18.5厘米，每穴2粒。

**覆膜：**覆膜时薄膜的中心线要与花生的行向平行、与垄的中心线重叠，机械作业速度适中。覆膜应保证薄膜紧贴垄面，将垄两侧薄膜封严压实，播种行上膜面适当覆土，以利于自然出苗。

⑤田间管理。

**破膜引苗：**当花生幼苗顶土时，应及时破膜引苗，可用小铁钩或长竹签戳膜放苗。破膜时因农艺操作失误造成的膜面撕裂和较大的孔洞必须及时使用细土封压严实。由于花生出苗速度不一，破膜放苗可分批进行。

**追肥**：在春花生出苗期、开花至结荚期进行2～3次补充灌溉，结合灌溉，在始花期和结荚期分别追施尿素7～9千克/亩、硫酸钾3～5千克/亩。

**薄膜管护**：覆膜后至诱导期，要加强对薄膜的管护工作，因农艺操作失误、动物（狗、羊等）践踏等在膜面上形成的膜面撕裂和孔洞必须及时使用细土封压严实。

**病虫草害防治**：在播种后覆膜前喷洒除草剂。透明薄膜，播种后需在覆盖地面喷洒花生专用除草剂；中间无色透明条带未添加除草剂的配色薄膜，播种后仅需在中间条带覆盖地面喷洒花生专用除草剂；黑色薄膜，无需喷洒除草剂。

**适期收获**：植株中、下部叶片已陆续老化脱落，上部叶片变成黄绿色，植株停止生长。荚果外壳硬化呈固有色泽，脉纹明显时及时收获。

⑥贮运保存。全生物降解地膜在运输和装卸过程中不应使用铁钩等锐利工具，不可抛掷。运输时，不得在阳光下曝晒或雨淋，不得与沙土、碎金属、煤炭及玻璃等混合装运，不得与有毒及腐蚀性或易燃物混装。产品应存放在清洁、干燥、阴凉的库房内，堆放整齐，严禁曝晒。产品自生产之日起贮存期为18个月。

⑦后续处置。

**田间残膜处理**：花生适期收获后，残留在土壤表面的薄膜，可翻耕到土壤中并保持掩埋促进残膜生物降解进程。

**秸秆饲用残膜处理**：摘果后的花生秧，去除少量残膜后，可晾干作饲料或与其他作物秸秆一起制作青贮饲料；残膜随有机垃圾堆肥处理。

## 5.华东甘蓝类蔬菜全生物降解地膜覆盖技术要求

①技术适用范围。本技术要求适用于华东地区甘蓝类蔬菜全生物降解农用地面覆盖薄膜栽培（图4-16至图4-22）。

图4-16　育　苗

图4-17　施　肥

图4-18　覆　膜

图4-19　定　植

图4-20　莲座期

图4-21　清　茬

图4-22　江苏省宜兴市甘蓝全生物降解地膜应用示范基地

②**品种选用**。根据种植区域和生产需求，结合适应性、抗性、品质和产量性状选择品种。

③**种植前准备**。

**田块准备**：栽培地块要尽量选择排灌方便、地下水位较低、土层深厚疏松的地块。上茬作物采收后进行深耕晒垡或冻垡，耕作层深度应保持在20厘米左右。

**整地施肥**：根据土壤养分状态及甘蓝类蔬菜需肥量大的特点，平衡配方施肥。结合整地，每亩施有机肥3 000 ~ 4 000千克，均匀撒施。旋耕作业深度15 ~ 20厘米，作业两遍，如施用复合肥，在第二次旋耕前撒施。

④**育苗**。设施条件下采用穴盘育苗，采用72 穴或128穴的穴盘育苗。苗期25 ~ 40天，有3 ~ 4片真叶，达到秧苗矮壮、叶丛紧凑、节间短、根系发达、无病虫害时，即可移栽定植。

⑤**地膜产品选择**。全生物降解地膜应符合《全生物降解农用地面覆盖薄膜》（GB/T 35795—2017）的相关要求，拉伸负荷（纵、横）≥1.5牛，纵向断裂标称应变≥150 %，横向断裂标称应变≥250%；初始水蒸气透过率为800克/（米$^2$·天）以下，有效使用寿命在70天左右。冬、春茬宜选择透明全生物降解地膜，秋季应选择黑色全生物降解地膜，宽幅和厚度参照普通PE地膜要求。

⑥**定植**。

**覆膜移栽**：根据季节及气候条件，结合品种特性采用低畦、平畦、中畦栽培，要保证墒情、能排能灌。覆膜时，应先铺滴灌带或地膜、滴灌带同时铺设；薄膜的中心线要与畦面的中心线重叠，覆膜平整、两边埋土压实。

**定植密度及方法**：10厘米地温稳定在5℃以上时均可定植。保证幼苗带土，穴盘苗基质成团，定植深度以土壤掩埋第一片真叶叶柄为宜，定植后要封严土、压实定植孔，防止风刮。栽后浇适量定根水。一般每亩定植早熟种3 000～5 000株、中熟种2 500～4 500株、晚熟种1 600～3 500株。

⑦**大田管理**。按不同品种、不同季节采取不同措施。春甘蓝要冬控春促，花椰菜、青花菜要保温促发，保证现蕾前达到一定的营养体；夏季对品种的耐热性、抗病性要求高；秋季气温从高转低，适合蔬菜生长，要求肥水充足，充分促进其快速生长。大田要合理进行肥水管理，忌土壤积水发生沤根，根据降水量及水分蒸发情况适时灌溉，以土壤含水量70%～85%为宜。

⑧**病虫害防治**。贯彻"预防为主，综合防治"的植保方针，优先采用农业防治、物理防治、生物防治，再科学合理地配合使用化学防治，化学防治应严格执行《绿色食品　农药使用准则》（NY/T 393）的规定。

⑨**适时采收**。在叶（花）球大小定型时达到采收标准，留2～3片外叶采收上市；按照大小、形状、品质分类分级。采后进行尾菜+全生物降解地膜全量还田处理。

## 6. 南方果蔗全生物降解地膜覆盖技术要求

①**技术适用范围**。本技术要求适用于南方果蔗全生物降解农用地面覆盖薄膜栽培（图4-23）。

②**种植前准备**。

**地块选择**：选择土层深厚、肥沃、质地松碎、排灌方便、阳光充足的田块。果蔗不宜连作。在前茬作物收获后及时清理杂物，深耕晒土，熟化土壤。

**整地与施肥**：深耕晒田，三犁三耙，使耕层土壤充分细碎。

图4-23　广东果蔗全生物降解地膜覆盖栽培

按行距100～120厘米开植蔗沟，沟深25～30厘米。亩施基肥要以有机肥为主，包括堆肥、饼肥（花生麸等），混合过磷酸钙和草木灰等施用。播种后亩施34千克的3%毒死蜱或其他杀虫剂。

③地膜产品选择。宜选择厚度为0.010～0.012毫米、宽40～45厘米的透明全生物降解除草地膜，安全期在60天以上，最大拉伸负荷（纵/横）均在1.5牛以上，水蒸气透过率在800克/（米²·天）以下。

④覆膜播种。

覆膜：覆膜时地膜要拉直、拉紧，膜要紧贴植沟，膜边要用碎土压实密封，有利于发挥地膜的保水、增温作用及除草功能。如果土壤太干燥则要先淋足水后再盖膜。

播种：果蔗一般在3月种植，但覆膜甘蔗可适当提早种植，播种时间以1月至3月初为宜。选用健壮梢头作蔗种，蔗种砍成双芽苗，用50%多菌灵配成0.2%药液浸种3~5分钟。浸种后可进行催芽，温度掌握在25~30℃，催芽至芽体胀大、芽尖突出呈"鹦哥嘴"、种根显露为宜。

**种植密度**：视品种及栽培水平而定，一般下种量为2 300~2 500根/亩，定苗后控制密度5 000~8 000芽/亩。蔗种平放在沟中，芽向两侧排放，顺着畦面走向排放。把蔗种与土壤压实，最好在蔗种上覆盖一层薄土。

**出苗**：甘蔗出苗后，发现蔗苗不能自行穿膜，可在蔗苗正上方膜面戳出小孔，将蔗苗引出孔外，并用碎土封住孔口。

⑤栽培管理。

**苗期管理**：留足主苗和粗壮分蘖苗，每亩留4 500~5 000苗为宜。果蔗出齐苗后每亩淋施尿素2.5~3.5千克。保持蔗苗培土厚度为2~3厘米。

**分蘖期管理**：果蔗长至6~7片真叶时，结合除草施肥，每亩可用45%的硫酸钾复合肥15千克、过磷酸钙25千克，施后覆土。以后每隔20天结合灌水追肥。及时剥除枯黄的脚叶，以增强通风透光，减少病虫害发生。

**伸长期管理**：在5月底至6月初，果蔗蔗茎呈现烟斗状时，结合培土进行施肥，每亩适量施用硫酸钾复合肥、尿素等。

**成熟期管理**：以提高糖分、增进品质为主，注意剥叶、防治病虫害和鼠害。蔗沟经常保持一层浅水，保证田间相对湿度。果蔗最后一次剥叶后，还需灌水一次。

**围篱**：当果蔗长至差不多2米高时开始围篱，以避免蔗茎受日晒风吹，影响外观，同时围障底部与地面保持30厘米距离，以利田间通风。

⑥适时采收。砍收前20天停止施药。果蔗收获一般在立冬进行为最佳，采收时要求不伤蔗茎，砍下或保持蔗尾，扎好待售。收获前选出留种蔗，收获后一般不留宿根，年年新植。

# 五、地膜科学使用回收试点相关要求

## （一）试点工作总体目标与思路

为系统解决传统地膜回收难、全生物降解地膜使用成本高、"白色污染"治理难等问题，2022年起，农业农村部、财政部启动实施地膜科学使用回收试点工作，计划用3年左右的时间，通过聚焦重点区域、重点作物、关键环节，分类指导、精准施策，从加厚高强度地膜使用和全生物降解地膜替代两个方向协同发力，完善激励约束机制，加快构建废旧地膜污染治理长效机制，有效提高地膜科学使用回收水平。

通过实施地膜科学使用回收试点，2022年，聚焦重点用膜地区推广应用全生物降解地膜500万亩、加厚高强度地膜5 000万亩；到2025年，力争推广应用全生物降解地膜3 000万亩以上，推广应用加厚高强度地膜2亿亩以上，推动全国地膜回收率达到85%以上，全国农田地膜残留量实现零增长。计划到"十四五"末期，科学规范、权责清晰、治理有效的地膜使用回收利用工作机制基本形成，农民使用加厚高强度地膜和全生物降解地膜的积极性和自觉性明显提高，从田间到地头到资源化再利用的全链条地膜使用回收体系不断健全，地膜科学使用和回收利用水平得到全面提高，农田"白色污染"得到有效防控。

## （二）试点重点任务

地膜科学使用回收试点工作，充分尊重地方意愿和实际，坚持数量服从质量、进度服从实效、求好不求快，稳妥有序高效推进。重点聚焦5项任务。一是科学推进加厚高强度地膜应用。针对棉花、玉米、蔬菜等主要覆膜作物,支持推广使用加厚高强度地膜,降低农民使用成本,提高农民应用加厚高强度地膜的积极性,从源头保障地膜的可回收性。**二是有序推广全生物降解地膜**。针对马铃薯、花生、大蒜等适宜作物,在开展全生物降解地膜应用效果评价基础上,支持有序推广成熟适宜、符合国家标准的全生物降解地膜。**三是加强地膜科学使用**。在开展地膜覆盖适宜性评价基础上,强化地膜源头减量,推广地膜高效科学覆盖技术,因地制宜推动抗旱品种选育、种植结构调整、一膜多用、改进覆盖等方式,提高地膜使用效率,降低使用强度。**四是健全科学高效回收利用体系**。大力培育专业化服务组织,逐步构建以旧换新、经营主体上交、第三方机构回收等多元化回收机制,不断健全废旧地膜回收网络体系,鼓励回收网络与可再生资源、垃圾处理、农资销售体系等相结合,推动将没有利用价值的废旧地膜纳入农村垃圾收集处置体系。**五是强化科技支撑**。积极开展科技研发与创新,加快高效适用的地膜机械化回收机具攻关,支持地膜综合利用装备突破,加大全生物降解地膜产品研发力度,突破功能适用性、降解可控性等的制约,降低生产成本,推进规模化应用。

## (三)试点实施范围

地膜科学使用回收试点工作主要聚焦重点用膜地区,择优选择地膜使用量大、主体积极性高、工作基础条件好、政策支持力度大的县进行试点。开展加厚高强度地膜推广,重点选择具备一定废旧地膜回收加工能力,且年地膜覆盖面积较大的县,鼓励开展整县试点推进。开展全生物降解地膜推广,重点选择已开展试验的区域和作物,或在做好可行性论证基础上确定实施区域,确保稳妥有序加大应用面积。

## (四)试点资金支持重点

中央财政安排补助资金给予适当支持,重点推广加厚高强度地膜和全生物降解地膜。各地可根据实际，结合作物种类、覆膜比例、回收成本等因素，因区因作物灵活测算地膜使用补贴标准。试点地区可统筹推广加厚高强度地膜的补助资金，在确保完成加厚高强度地膜推广任务的基础上，可对具备一定处理能力的回收加工企业、专业化回收组织等予以适当支持。

# （五）试点补贴对象和方式

在地膜科学使用回收试点工作实施中，中央财政通过农业资源及生态保护补助资金给予一定扶持，并作为约束性考核任务进行安排。作为一项惠农性资金，试点工作补贴对象聚焦使用符合规定地膜的农户、种植大户、合作社等。

在具体补贴方式上，**针对加厚高强度地膜**，采取"一年支持、两年巩固、三年建机制"的方式，即试点地区同一地块原则上连续支持不超过两年，补贴形式有直接补助、间接补助、以旧换新等。如实物补助形式，由农民自购一部分加厚高强度地膜，政府再配套发放一部分，该形式适用于种植大户、企业或者新型经营主体；价格补贴形式，通过补贴地膜生产企业，让其降低加厚高强度地膜的售价，该形式适用于规模种植主体，或是整县推进；以旧换新形式，按照一定比例，将农民交售的废旧农膜兑换成新农膜。**针对全生物降解地膜**，补贴形式有直接补助、先买后补、间接补助等，推动逐步形成"农民自愿、企业受益、环境改善"的良性循环发展模式。如直接补助形式，对使用全生物降解地膜的农民，在地膜铺设完成后，将补贴申请逐级报所在村、乡，再由县农业农村部门汇总统计、检查审核，通过惠农一卡通等形式直接拨付相应补贴资金；间接补助形式，通过招标补助生产企业，让其降低全生物降解地膜的售价，降低农民使用全生物降解地膜成本，该形式适用于规模种植主体，或是整县推进。

## （六）试点遴选原则与要求

在地膜科学使用回收试点工作实施中，要坚持科学使用与合理减量相结合、典型引领与试点带动相结合、因地制宜与综合施策相结合、政府引导与多方发力相结合的基本原则。以**提升综合效益**和**地膜产品质量**为根本，科学推进试点工作落实。**一方面**，统筹考虑覆膜综合效益、地膜产品质量、区域气候生产条件等因素，建立效益评估-产品匹配-区域布局-任务到县的实施机制，因区因作物制定应用技术规程，完善配套农艺措施，指导农户科学选择地膜产品、合理使用覆盖技术、适时有效回收处置；**另一方面**，以提升区域地膜龙头企业产品质量和性能为目的，联合开展产学研用试验研究，通过试验评价、性能改进、降低成本、总结规程等，遴选出一批适宜区域环境、质量性能好、定制化的优势产品，更好服务于试点工作。

在具体实施过程中，考虑到加厚高强度地膜和全生物降解地膜对多数地区都是一种新产品、新技术，因此，各地在实施试点推广中，要注意以下3点：**一是要聚焦主体和作物**。优先选择瓜果等经济作物，保障经济效益，减轻农资投入成本；推广主体可优先选择土地流转户、合作社或种植企业，便于组织管理，降低项目实施难度，提高推广成功率。**二是要探索适宜机制**。结合区域实际，探索推广实物补助、价格补贴等有效实施方式，并明确了解相应的应用场景。**三是要建立完善台账**。按照真实、准确、可追溯的原则，建立加厚高强度地膜推广台账和地膜回收处置台账，不断完善台账管理制度。

## （七）试点工作典型案例

实施试点项目以来，各地各有关部门积极推进地膜科学使用回收工作，不断完善激励约束机制，建立健全回收利用体系，实施专项行动，强化监管执法，取得了显著成效，涌现出了一批可看、可学、可复制、可推广的典型案例。

## 案例 5-1　甘肃加厚高强度地膜推广应用补贴方式

　　甘肃探索总结了适合本省区域实际的加厚高强度地膜推广应用 3 种补贴方式（图 5-1 至图 5-4）：一是实物补助，由农民自购一部分加厚高强度地膜，政府再配套发放一部分；二是价格补贴，通过补贴地膜生产企业，让其降低加厚高强度地膜的售价；三是以旧换新，按照一定比例，将农民捡拾交售的废旧地膜兑换成新地膜产品。从实施效果来看，实物补助形式对政府部门的监管强度要求较高，比较适合应用于

图 5-1　发放加厚高强度地膜

图 5-2　实物补助登记领膜

图 5-3　交售废旧地膜的车流

图 5-4　以旧换新登记领膜

种植大户、企业或者新型经营主体；价格补贴形式更加灵活，适用范围除规模种植主体外，也适用于普通农户，尤其适用于整县推进的试点；以旧换新需要有健全的回收站点和配套的专项回收补助资金，对于已经实施过农膜回收项目的地区有一定优势和基础。

## 案例5-2　河南坚持"六个一"标准推进地膜科学使用回收

　　河南总结推广了"六个一"试点项目建设标准，即对标一个实施方案，将县级实施方案贯穿项目全过程；执行一个技术标准，地膜产品必须有资质单位出具的产品质量检测报告或证明；抓好一个市场主体，包括种植大户、家庭农场或专业合作社等在内的两膜推广应用主体，以及依托农膜生产企业、农资经营门店或供销合作社等在内的地膜回收处理主体；建好一个展示基地，示范展示加厚高强度地膜和全生物降解地膜应用成果（图5-5）；搞好一个监测评价，委托第

图5-5　建设地膜科学使用回收试验基地

三方出具地膜残留监测评价报告（图5-6）；做好一本管理台账，地膜销售、使用和回收相互对应。

图5-6　开展地膜残留监测评价

## 案例5-3　新疆探索多元化地膜回收有效方式

新疆积极探索创新地膜回收方式方法。尉犁县发挥供销体系作用，加强标准地膜市场推广，形成"地膜使用者＋农机合作社＋回收再利用企业"的回收体系；博尔塔拉蒙古自治州、阿勒泰、阿克苏等地在土地承包流转合同中明确残膜回收责任并要求缴纳50～100元／亩的保证金，由村委会督促开展地膜回收；尉犁县、莎车县等结合农业用电、用水制定严格的管控措施，在回收验收合格后供水供电；依托陈学庚院士团队开展科技攻关，在玛纳斯县、沙湾市、阿瓦提县等地建设棉田农膜高效机械回收示范区60万亩，推广先进机械，探索残膜高效回收利用模式。

**案例5-4 甘肃民勤系统推进地膜科学使用回收**

民勤县作为甘肃省整县推进地膜科学使用回收试点县，坚持源头治理、系统防控，全面推广加厚高强度地膜，有效提高地膜科学使用回收水平（图5-7至图5-11）。

图5-7 群众购买加厚高强度地膜

图5-8 民勤县采取加厚高强度地膜价格补贴

图5-9 民勤县加厚高强度地膜示范区

图5-10 群众交售废旧农膜

图5-11 群众以旧换新

一是注重质量优先，确保加厚地膜"产得优"。督促中标企业采购优质原料，改进生产工艺，保证产品质量。针对玉米、瓜类、果蔬等作物，指导企业研发生产不同规格的加厚高强度地膜。安排专人驻厂监督质量，实行"一批次一抽样、一抽样一送检"，确保厚度、拉伸负荷等性能指标达到标准。二是强化过程管控，确保加厚地膜"推得开"。采取价格补贴形式开展加厚高强度地膜推广，补贴后白色、黑色加厚地膜售价分别为7.2元／千克、8.2元／千克。建立"日报告、周调度、月督查"的工作机制，健全生产、销售、使用"三本台账"，保证"账账相符、账实相符"。联合市场监管，多部门联合开展执法检查，严厉查处生产、销售、使用非标地膜的违法行为。三是强化技术支撑，确保农民群众"用得好"。成立地膜科学使用回收技术服务小组，分片包镇开展技术服务，指导农户合理选择茬口，科学使用加厚高强度地膜，多措并施保面积、提质效、增产量。通过对比试验，提出亩均7.2千克的加厚高强度地膜指导用量。因地制宜打造万亩示范片、千亩示范点，以点带面推进地膜科学使用回收工作。四是健全网络体系，确保废旧农膜"收得尽"。支持回收企业开展"以旧换新"，培育废旧农膜回收利用企业12家、镇级专业化回收网点32处、村级简易回收网点220处，构建了县、镇、村三级回收体系。